전기차는 정말
친환경적일까요?

10대 이슈톡_08

전기차는 정말 친환경적일까요?

초판 1쇄 발행 2024년 4월 25일

지은이 이정원
펴낸곳 글라이더
펴낸이 박정화
편　집 이고운
디자인 디자인뷰
마케팅 임호

등록 2012년 3월 28일 (제2012-000066호)
주소 경기도 고양시 덕양구 화중로 130번길 32(파스텔프라자)
전화 070) 4685-5799
팩스 0303) 0949-5799
전자우편 gliderbooks@hanmail.net
블로그 https://blog.naver.com/gliderbook
ISBN 979-11-7041-143-7 (43550)

전기차는

10대 이슈톡 8 Teenage Issue Talk

정 말

이정원 지음

친환경적

글라이더

일까요?

요즘 어딜 가나 인공 지능 이야기를 많이 합니다. 숙제로 내준 과제를 ChatGPT에 물어봐서 해결하는 학생 때문에 골치가 아프다는 대학교수인 친구를 만나 저는 이렇게 이야기했습니다.

"학생들이 앞으로 살아야 할 시대에는 인공 지능을 누가 더 잘 사용하느냐가 중요한 능력이 되지 않을까? 그러니 인공 지능을 이용해서 숙제를 한 사람들을 찾아내서 왜 직접 글을 쓰지 않았냐고 혼내지 말고, 오히려 인공 지능을 어떻게 활용해서 숙제 해 냈는지를 발표하게 해 봐."

저자가 개발에 참여한 다시아 브랜드 스프링 모델

그러고 보면 우리가 사는 세상은 너무 빨리 변합니다. 제가 일하는 자동차 세상도 많이 변했습니다. 20여 년 전부터 제가 연구하고 만든 엔진들은 이제 점점 과거의 유물들이 되어 갑니다. 그리고 그 빈 자리를 매끈하게 생긴 전기차들이 하나둘씩 채워 가고 있습니다. 이런 변화의 과정에서도 살아남으려면 과거에 잘했던 것들은 빨리 잊어버리고 새로운 물결을 타야 합니다. 저도 새로운 도전을 위해서 2018년도에 전기차를 만드는 벤처 프로젝트에 참가하기 위해 중국으로 떠났습니다.

직접 만들어 보고 나니까 새로운 세상이 다가왔다는 것이 더 절실히 느껴졌습니다. 자동차에 들어가는 부품의 수는 훨씬 많이 줄어들고, 차 값의 절반은 배터리에 들어 가야 합니다. 배기가스 규제를 맞출 걱정은 할 필요가 없어졌지만, 대신에 제대로 충전이 되는지는 일일이 도시들을 돌아다니며 점검해야 했습니다. 자동차를 만드는 방식도, 팔기 위해 통과해야 하는 기준도 다 달라졌습니다.

사람들이 전기차를 사는 이유도 변하고 있습니다. 처음에는 환경에 관심이 있고 남들과 달라 보이고 싶은 사람들이 전기차를 찾았지만, 지금은 조용하고 편한 기능에 더 관심을 가집니다. 자동차 회사들도 정부가 추진하는 친환경 정책에 맞추어서 어쩔 수 없이 전기차를 시장에 내놓았지만, 이제는 소비자들의 높아진 눈높이를 만족시키기 위해서 다양한 형태의 전기차를 만들고 있습니다. 2023년에 열린 서울 모터쇼에서는 아예 이름부터 '모터'를 빼고 '모빌리티쇼'라고 바꾸고, 참가한 기업들은 저마다 새로운 전기차 모델 홍보에 열을 올렸습니다.

바야흐로 전기차의 시대가 도래한 것 같지만, 아직 많은 사람에게 전기차는 익숙하지 않은 새로운 기계입니다. 그리고 금방 자동차 세상을 바꿀 것 같았던 전기차 흐름도 주춤합니다.

2023년 서울 모빌리티쇼 신차 발표 현장

2010년도부터 매년 50% 이상 성장해 왔던 전기차 판매량이 2023년에는 조금 주춤했습니다. 자동차 엔진 조직을 없앴던 현대자동차는 얼마 전 다시 새로 엔진 조직을 정비하겠다고 나섰습니다.

앞으로 자동차 산업이 어떻게 흘러갈지를 이해하려면 일단 전기차에 대해서 제대로 알아야 합니다. 그래서 이 책에서는 시대의 흐름을 이해하기 위해서 전기차가 왜 필요하고, 정말 환경에 도움이 되는지를 살펴보고, 전기차에 들어가는 핵심 기술들도 간단히 소개했습니다. 그리고 앞으로 전기차를 중심으로 바뀔 세상에 대해서도 이야기해 보고자 합니다.

정말로 전기로만 모든 자동차가 움직이는 시대가 올지 아직은 확신할 수 없습니다. 다만 한 가지는 확실합니다. 2007년 아이폰이 처음 세상에 소개된 후 이제는 스마트폰 없는 시대를 상상할 수 없듯이, 전기차도 이동의 개념을 바꾸는 중요한 수단으로서 세상을 바꿀 것이라는 사실입니다. 여러분이 앞으로 사회의 주역으로 활동하게 될 머지않은 미래에는 자동차를 만드는 산업의 개념도 전기차와 함께 지금과는 많이 달라져 있을 겁니다. 새로운 시대를 준비하는 여러분에게 이 책이 도움이 되기를 바랍니다.

이정원

차례

5장. 전기차의 미래

1. 전 세계는 지금 전기차 자원 전쟁 중

2. 그럼 지금 타는 내연기관 차들은 다 사라지나요?

똑똑이 아이템 10   석유가 진짜 고갈되는 문제를 해결한 셰일 가스

3. 전기차는 새로운 자동차 시대를 여는 문입니다

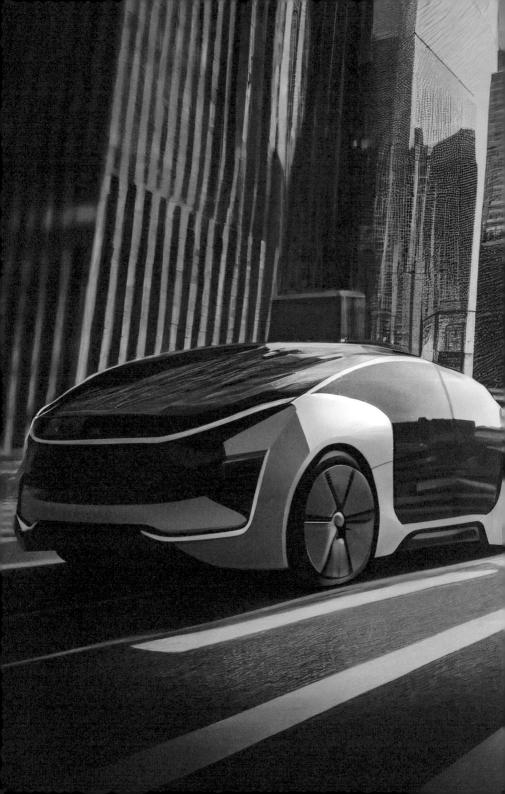

1장.

지금은
전기차
시대

1
지금은
전기차 시대

세계에서 가장 가치 있는 자동차 회사는 어디일까요?

자동차 없는 삶을 상상할 수 있을까요? 우리는 살아가는 동안 많은 시간을 자동차로 이동합니다. 그리고 지금도 1년에 6,000만 대 이상의 자동차가 세상에 팔리고 있습니다. 그중에서 제일 많은 차를 판매한 회사는 일본의 도요타 자동차입니다. 2022년에만 전 세계적으로 1,000만 대를 팔았습니다. 우리나라 기업인 현대-기아자동차도 700만 대 가까이 팔아서 3위에 올랐습니다.

그러면 기업의 가치를 상징한다는 주가 총액은 어떨까요? 수

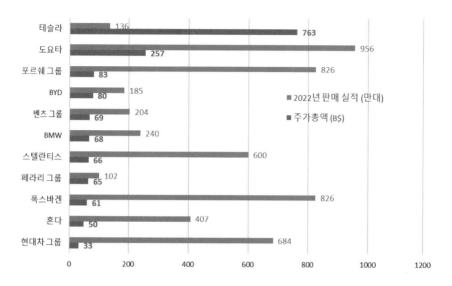

주요 글로벌 자동차 회사의 2022년 판매 실적과 주가 총액

많은 자동차 회사 중에 가장 가치가 높은 회사는 바로 테슬라입니다. 2022년에 140만 대를 팔아서 판매 대수는 15위에 머물렀지만, 주식 가치는 7,600억 달러, 우리나라 돈으로 1,000조 원에 가까운 평가를 받으면서 압도적인 1위를 달리고 있습니다. 세상에서 차를 제일 많이 파는 2등 도요타보다 3배나 더 높게 평가받고 있네요. (아쉽게도 현대차는 330억 달러로 23배 차이가 납니다.)

순수 전기차를 만드는 테슬라가 이렇게 높은 가치를 인정받는 것을 보면, 자동차 시장에서 전기차가 대세긴 한가 봅니다. 어느 순간부터 우리 주변에서 하늘색 번호판을 단 전기차가 소음 없이 길 위를 지나가는 걸 자주 볼 수 있는데요. 이렇게 전기차는 어느새 우리 곁에 성큼 다가와 있습니다.

엔진보다 전기차가 먼저였습니다

전기차는 미래 자동차라는 이미지가 강해서 세상에 나온 지 얼마 안 된 것 같지만, 사실 엔진으로 가는 자동차보다 더 오랜 역사를 가지고 있습니다. 최초의 엔진 자동차는 그 유명한 독일 자동차 이름이기도 한 칼 벤츠라는 사람이 1886년에 발명했습니다. 그런데 전기차는 그보다 2년 전인 1884년에 영국의 토마스 파커라는 사람이 만들었습니다.

　연료도 넣어야 하고 내부에서 불꽃을 일으켜 폭발도 시켜야 하는 복잡한 내연기관보다 모터와 배터리만 있으면 만들 수 있는 간단한 구조의 전기차가 더 만들기 쉬웠던 것입니다. 그렇게 세상에 나온 전기차는 금세 상용화되어서 1900년대 초만 해도 프랑스 파리에서는 소방차를 전기차로 운영했고, 미국 뉴욕에는 전기차 택시가 2,000대나 돌아다녔다고 합니다.

토마스 파커가 발명한 최초의 전기차(왼쪽)와
엔진 자동차 시대를 선도한 헨리 포드의 모델-T(오른쪽)

이런 분위기는 1908년 그 유명한 미국의 헨리 포드가 모델-T 를 대량 양산하면서 빠르게 엔진용 자동차로 기울게 됩니다. 무거운 배터리 중량과 긴 충전 시간, 그리고 일반 자동차보다 2배 이상 비싼 가격 때문에 외면받게 되죠. 특히 대형 석유 유전이 개발되고 석유를 기반으로 한 산업이 급격히 발전하면서 자동차 시장의 주도권은 전기차에서 엔진 자동차로 기울게 됩니다.

잠시 돌아왔지만, 금세 사라져 버립니다

그렇게 한동안 자취를 감추었던 전기차가 다시 세상에 모습을 드러낸 건 1990년대부터입니다. 1990년에 미국 캘리포니아에서

1996년 출시한 GM의 야심작 EV1(www.etsy.com 참조)

전기차 인증에 관한 법안이 발의되면서 GM을 중심으로 제대로 된 전기차를 만들어 보자는 시도가 있었습니다. 그렇게 양산되었던 EV1은 137마력에 납축전지를 이용해서 100㎞ 이상을 주행하는 성능으로 시선을 끌었습니다.

하지만 전기차가 많이 보급되면 석유 산업이 위축될 수도 있다는 우려를 한 글로벌 정유회사들은 미국 정부를 상대로 로비를 펼쳤습니다. 결국, 사소한 품질 문제를 꼬투리 삼아서 계속 압박을 받자 2003년 GM은 그동안 출시되었던 모든 EV1 모델을 전

사막 한가운데 전량 폐기된 EV1(왼쪽)과
다큐멘터리 영화 〈누가 전기차를 죽였는가?〉의 포스터(오른쪽)

량 수거해서 사막에 폐기하는 결정을 내립니다.

EV1의 퇴출에 대해서는 선댄스 독
립영화제(2006년)에서 〈누가 전기
차를 죽였는가?〉라는 다큐멘
터리 영화로 다루어지기도
했습니다. 이후 전기차 시장
이 주춤한 사이 친환경 차 시장
은 도요타를 중심으로 한 하이브
리드 자동차가 차지하게 됩니다.

"토론거리

전기차 보급을 반대하는
정유회사들이나 계속되는 총기
사고에도 총기 사용 제한을 반대
하는 총기 협회 같은 이익 집단
의 전횡을 막으려면 어떻게
해야 할까요?

친환경의 바람을 타고 꽃길을 걷고 있습니다

그러나, 한번 시작된 전기차 개발의 물결은 멈추지 않았습니다. 일본의 닛산 자동차는 2010년에 최초로 대량 양산 체제를 통해 생산된 리프(Leaf)라는 소형 전기차를 리튬 이온 배터리를 기반으로 출시하면서 전기 승용차 시대를 열었습니다. 120마력에 24kWh 용량의 배터리로 한번 충전하면 150㎞ 정도를 갈 수 있었습니다. 최근에 나오는 전기차와 비교하면 초라하지만 2010년 당시에는 획기적인 성능을 자랑했었죠. 닛산 리프는 2018년에 단종되기 전까지 30만 대가 팔리면서 세계 곳곳에서 가장 많이

닛산의 세계 최초 양산형 전기자동차, 리프

테슬라의 대중화를 선도한 모델 3

팔린 전기 자동차 자리를 차지했습니다.

본격적인 전기차의 봄날을 연 장본인은 테슬라입니다. EV1이 폐기되던 2003년에 캘리포니아에서 시작한 전기차 스타트업 테슬라는 2008년에 로드스터 1이라는 전기차를 시작으로 모델 S, 3, X, Y를 차례로 출시합니다. 기존의 자동차와는 남다른 디자인에 전기차 전용 플랫폼을 갖추고, 자율주행과 같은 첨단 기능들을 추가하면서 환경과 새로운 기술에 관심이 있는 소비자들의 선택을 받는 데 성공했습니다. 2017년 모델 3가 나오면서 대중화에 성공한 테슬라는 500만 대 이상을 판매하며 지금도 전기차 시장을 주도하고 있습니다.

이제는 대부분의 자동차 회사가 주축 모델로 전기차를 출시하고 있습니다. 앞으로는 석유를 태워서 달리는 내연기관 자동차 를 더는 만들지 않겠다는 선언도 이어지고 있어요. 2022년 한 해에만 1,000만 대가 넘는 전기차가 세상에 나왔습니다. 길에서 다니고 있는 새로 나온 차 6대 중 1대가 전기차인 셈입니다. 2023년에 들어서 전기차 판매가 주춤하다는 이야기가 많지만, 실제로는 1,300만대가 팔리면서 30% 이상 성장세를 지속하고 있습니다. 전기차가 이제는 대부분의 사람에게 익숙한 그야말로 우리는 전기차가 대세인 시대에 살고 있습니다.

전기차 세상,
어디가 1등인가요?

　우리 주변에서 전기차를 쉽게 찾아볼 수 있는 요즘, 과연 전 세계에는 얼마나 많은 전기차가 달리고 있을까요? 2010년 쯤부터 대중화되기 시작한 전기차는 2021년까지 2,600만 대가 팔렸습니다. 그리고 2022년 한 해에만 1,000만 대를 넘기더니, 2023년에 1,400만 대를 보태서 총 5,000만 대 수준으로 빠르게 증가하고 있습니다. 우리나라 인구수만큼의 전기차가 세상에 나온 셈입니다.

　그럼 전 세계에서 전기차가 가장 팔린 나라는 어디일까요? 바로 중국입니다. 인구가 세계에서 두 번째로 많은 나라답게, (인구수 세계 1위는 인도입니다.) 2023년에 중국은 전 세계에서 제일 많은 3,000만 대에 달하는 차가 팔렸는데 그중 32%인 950만 대가 전기차였습니다. 전 세계에서 팔린 전기차의 68%가 중국에서 팔린 셈입니다. 전기차 수가 너무 급증하게 되니까 충전기 수가 부족해서 설이나 추석 같은 연휴 기간에 고속도로에서 충전하려면 5시간 이상을 기다려야 했다는 뉴스가 전해

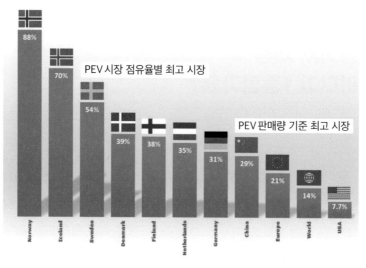

PEV 시장 점유율별 최고 시장

PEV 판매량 기준 최고 시장

Norway	88%
Iceland	70%
Sweden	54%
Denmark	39%
Finland	38%
Netherlands	35%
Germany	31%
China	29%
Europe	21%
World	14%
USA	7.7%

노르웨이가 1등인 신차 판매 중 전기차 비율이 높은 순위

지기도 했습니다. 준비가 안 된 상태에서 전기차가 증가하면 어떤 일이 일어나는지 그렇게 미리 들여다볼 수 있습니다. 타산지석으로 삼아 우리는 그러지 말아야겠죠?

그럼 전기차가 판매되는 비율이 가장 높은 나라는 어디일까요? 의외로 북유럽의 노르웨이가 1위로 2022년도에 새로 판매된 차의 88%가 전기차였습니다. 복지 국가로 유명한 북유럽 국가들은 세금을 많이 걷기로도 유명한데요. 일반 자동차를 사면 차 가격의 30% 이상을 세금으로 내야 하지만, 전기차는 이를 면제해 주고 있습니다. 결과적으로 세금 혜택도 유리하고, 매년 내야 하는 자동차세도 저렴한 전기차가 더 많은 사랑을 받았습니다. 역시 사람들을 움직이는 제일 중요한 기준은 가성비인가 봅니다.

전 세계에서 가장 많은 전기차를 판매한 회사는 짐작하는 대로 테슬라입니다. 2023년에만 메인 모델인 모델 Y를 120만 대 판매한 것을 포함해서 총 180만 대의 전기차를 판매해 1위를 차지하고 있습니다. 그러나, 중국에서 배터리 사업을 하다가 아예 전기차를 만들어 팔기 시작한 BYD의 추격도 만만치 않습니다. 전기차 모드로도 주행이 가능한 플러그인 하이브리드 모델까지 포함하면 2023년에만 300만 대를 팔면서 시장을 넓혀 가고 있습니다.

2
이산화탄소를
줄여야 해요!

진짜 위기라고요, 위기!

2022년 여름, 서울 한복판 강남역이 물에 잠겼습니다. 갑작스럽게 내린 집중 호우에 수많은 차가 물속에서 꼼짝없이 오도 가도 못하고 갇혀 버렸습니다. 한여름에는 기온이 40도 이상 올라가는가 하면, 12월에도 20도를 넘는 따뜻한 봄날 같은 날이 계속되다가 갑자기 영하 10도 아래로 기온이 뚝 떨어지기도 합니다. 미국과 호주에서는 매년 자연 발화로 일어나는 산불이 반복되고, 해마다 불어오는 태풍은 갈수록 그 위력이 거세지고 있습니다. 매년 기후 변화다, 지구 온난화라고 이야기는 많았지만, 이제는

기후 위기로 잦아진 홍수와 산불

정말 우리의 삶을 위협하는 '기후 위기'를 실감할 수 있습니다.

　온 세상이 몸살을 앓게 된 원인은 지구 온난화, 그중에서도 이산화탄소의 농도가 증가하고 있기 때문입니다. 대기층 내에 이산화탄소가 늘어나면서 온실처럼 지구로 들어온 태양열이 우주 밖으로 나가지 못하고 있습니다. 뜨거워진 대기와 바다는 극지방의 얼음을 녹이고, 더 많은 수증기를 만들어 태풍과 집중 호우를 만들어 냅니다. 바닷물 온도가 비정상적으로 높아지는 엘니뇨 현상으로 뜨거운 기단이 너무 커지면서 호주는 40도가 넘는 더위에 시달리고, 극지방에서 내려오는 찬 공기를 막아 주던 제트기류의 흐름이 바뀌면서 시베리아 일부 지역은 영하 50도에 가까운 극한의 추위를 견뎌야 했습니다.

　2019년에 출시된 《2050 거주 불능 지구》라는 책에서는

2050년에 지구 평균 온도가 2도가 상승하면 사람이 살 수 있는 영역이 30% 이상 감소할 것이라고 경고했습니다. 그리고 2023년에는 지구 평균 온도의 2도 상승에 도달하는 시기가 2030년으로 20년 더 빨라졌습니다. 정말 무엇이든 행동하지 않으면 안 되는 시점에 우리 모두 서 있습니다.

차도 연비 좋은 차를 만들어야 하는데……

사실 기후 위기에 대한 논의가 시작된 건 30여 년 전부터입니다. 1990년도에 이미 UN에서는 온실가스 문제를 논의했었습니다. 그러나 당장 피부로 와닿지 않는데 누가 괜한 손해를 보려고 하나요? 서로 눈치만 보다가 제대로 된 행동으로 이어지지 않고 흐지부지되었죠. 1997년에 일본에서 교토 의정서를 맺고 선진국들 위주로 2012년까지 온실가스 배출량을 1990년 수준으로 감축하기로 약속했었지만, 성과는 없었습니다.

제대로 된 감축 계획이 정립된 건 2015년에 탄생한 파리 기후 협약부터입니다. 이 파리 협약 체제에서 회원국들은 각자 역량이 닿는 대로 목표와 절차를 세워 공개하고, 5년마다 중간 점검을 해 목표를 갱신하기로 합의했습니다. 이때 전체 이산화탄소 배

기후 변화에 항의하는 사람들

출량의 1/4을 차지하는 운송 부문을 개선하기 위해 도입된 대표
적인 제도가 자동차 회사에서 판매하는 차의 이산화탄소 평균값
을 통제하는 기업 평균 연비 규제(CAFE-Corporate Average Fuel
Economy)입니다.

　자동차는 저마다 크기도 다르고 엔진도 달라서 서울에서 부
산까지 가는 데 필요한 연료의 양도 다릅니다. 연비가 좋은 차는
적은 연료로도 충분할 것이고, 그만큼 달리는 동안 이산화탄소도

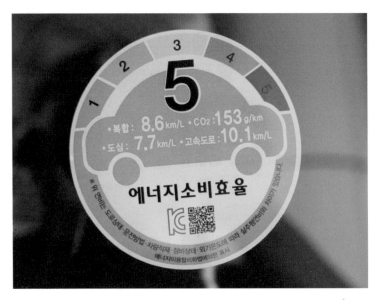

자동차에 붙어 있는 에너지 소비 효율 스티커

덜 배출하겠죠. 이동하는데 나오는 이산화탄소량을 줄이려면 작고 효율적인 연비 좋은 차를 많이 만들어야 하지만, 장사를 하는 자동차 회사로서는 크고 비싼 차를 팔아야 더 이윤이 많이 남습니다. 특히 우리나라 사람들은 겉으로 보이는 걸 중시하다 보니 큰 차를 선호하는 경향이 강합니다. 그냥 그대로 두어서는 도로 위에서의 이산화탄소를 줄일 수가 없습니다.

전기차를 팔아야 장사를 할 수 있습니다

이런 자동차 회사들을 제재하기 위해서 CAFE 규제에서는 연도 별로 자동차 회사들이 달성해야 하는 1km 주행하는데 나오는 CO_2 양의 평균 목표치를 정합니다. 그리고 기준을 넘어서는 차량에 대해서는 1g당 일정량의 벌금을 내도록 하고 있습니다. 우리나라는 2015년부터 시작해서 연도별 CO_2 목표치는 해마다 점점 강해져서 2023년 기준으로는 평균 95g 수준이고 1g당 5만 원의 벌금을 내도록 정해져 있습니다. 전 세계 기준으로 보아도 규제가 엄격한 편입니다.

95g이라고 하면 감이 잘 오지 않죠? 우리나라에서 2023년에 가장 많이 팔렸던 현대자동차의 그랜저로 설명해 보겠습니다. 현대차 홈페이지에서 확인할 수 있는 그랜저 2.5ℓ 가솔린모델의 공인 연비는 11.7km/ℓ입니다. 1ℓ 넣으면 12km 정도 간다는 이야기인데 이 과정에서 이산화탄소가 1km 달리는데 143g이 나옵니다. 올해 목표치가 95g이라고 했으니까 1km 갈 때마다 기준치보다 48g의 이산화탄소를 더 내뿜으면서 달리는 셈입니다. 1g당 5만 원으로 계산하면 240만 원이나 벌금을 내야 하는 상황입니다.

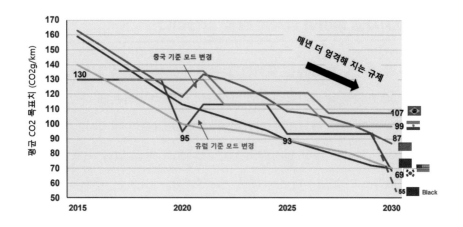

해가 갈수록 더 엄격해진 전 세계 CAFE 규제 목표치 경향

자동차 회사로서는 난감합니다. 일단 차는 팔아야 하는데 정부에 벌금을 내고 나면 남는 게 없으니까요. 그런데 여기 빠져나갈 구멍이 하나 있습니다. 바로 '평균'이라는 말입니다. 소비자가 구매하는 차 한 대씩에 관한 벌금이 아니라, 회사가 그해 판매하는 전체 자동차의 평균을 내기 때문에 연비가 안 좋아서 벌금이 많이 나가는 큰 내연기관 차를 파는 대신에 연비가 좋은 하이브리드나 아예 이산화탄소를 내지 않는 전기차를 팔면 됩니다.

특히 전기차 판매를 촉진하기 위해서 평균을 낼 때 전기차

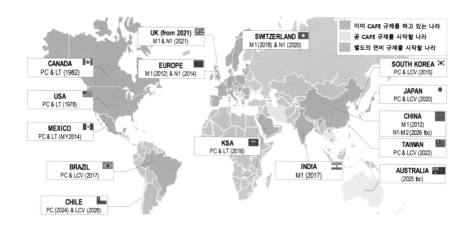

대부분의 자동차 강국이 포함된 CAFE 규제를 도입했거나 도입할 나라들

1대를 팔면 3대로 계산해 주는 유예 조항도 있습니다. 그래서 아이오닉5를 1대 팔면, 그랜저 7대를 팔아도 벌금을 면제받을 수 있습니다. 자동차 회사 입장에서는 전기차를 팔아야 장사를 할 수 있는 셈입니다. 그래서 현대자동차도 자사의 고급 브랜드인 제네시스에는 2025년 이후부터는 전기차 모델만 출시하고, 2030년 이후에는 내연기관 차량을 판매하지 않을 것이라고 선언했습니다. 그리고 전 세계 많은 나라에서도 이런 CAFE 규제를 이용해서 자국의 자동차 회사들이 친환경 차를 최대한 도입하게끔 유도하고 있습니다.

친환경 차를 선택하도록 유도하는 정책들

정부가 전기차 판매를 촉진하는 방법은 CAFE 규제만이 아닙니다. 전기차를 사는 사람들에게 보조금을 주고, 연비가 낮은 차를 사는 사람에게는 탄소세를 매기는 나라도 있습니다. 프랑스 파리의 유명한 샹젤리제 거리에 있는 공영 주차장에는 전기차나 플러그인 하이브리드 차량이 아니면 사용하지 못하도록 제한합니다.

영국의 수도 런던에서는 친환경 차만 다닐 수 있는 그린 존이 도심에 설정되어 있습니다. 그래서 혼잡한 시간에는 전기차 이외에는 도심에 들어오는 걸 막고 있어요. 런던의 유명한 빨간 색 이층 버스들도 모두 전기차로 바뀌었습니다. 런던 내 도심으로 들어오고 싶은 사람들은 대중교통을 이용하거나 전기차를 구매해야 하는 거죠. 이런 변화들은 모두 친환경 자동차를 타는 사람들에게 조금 더 편의를 제공해서 되도록 소비자들이 친환경 차를 선택하도록 유도하는 정책들입니다.

그리고 많은 국가가 가까운 미래에 화석 연료로 달리는 자동차를 앞으로 퇴출하겠다고 선언하고 있습니다. 환경 정책에 민감한 유럽의 국가들은 2035년에, 우리나라와 일본도 2050년까지

친환경 차만 다닐 수 있는 런던의 그린 존

는 운송 영역에서 탄소 중립화를 달
성하겠다는 계획을 밝혔습니다.
심지어 중국마저도 2060년
에는 모든 차를 전기차
로 바꾸겠다는 계획을
밝혔습니다. 미래를 위해
서도 전기차로의 전환이 이
제는 선택이 아니라 필수인
셈입니다.

" 토론거리

더 이상 화석 연료 자동차를 만들
지 못하도록 막지 못하는 이유가 뭘
까요? 강제적인 규제보다 슬며시
행동을 유도하는 넛지 정책은
어떤 장점이 있을까요?

기후 위기를 막기 위해
우리는 무엇을 할 수 있을까요?

　자동차를 전기차로 만드는 것이 기후 변화를 일으키는 이산화탄소 발생을 줄일 수 있다고 이야기합니다. 그렇지만 전기차를 만드는 일도, 전기차를 사는 일도 청소년 여러분들이 나서기는 쉽지 않습니다. 당장 지금 쏟아져 나오는 온실가스 때문에 미래에 힘들어지는 건 여러분들인데 말입니다.

　이산화탄소는 모든 활동에서 배출됩니다. 전기차로 바꾸면 환경에 좋다는 이야기들을 많이 하지만, 사실 우리가 자동차로 이동하면서 배출하는 이산화탄소는 전체에서 차지하는 비중이 얼마 되지 않습니다. 기차, 비행기, 해운업을 포함한 모든 운송을 합쳐서 25% 정도입니다. 다르게 말하면, 굳이 전기차를 사지 않아도 우리가 살아가면서 실천할 수 있는 행동들이 많이 있다는 의미입니다.

　일단은 이동부터 우리 힘으로 해 봅시다. 가까운 거리는 걸어다니고,

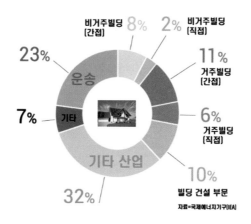

비거주빌딩 (간접) 8%

2% 비거주빌딩 (직접)

23% 운송

11% 거주빌딩 (간접)

7% 기타

6% 거주빌딩 (직접)

기타 산업

10% 빌딩 건설 부문

자료=국제에너지기구(IEA)

32%

부문별 이산화탄소 배출 비중(2019년)

자전거를 이용해서 움직이면 몸도 건강해지고 이산화탄소도 줄일 수 있습니다. 버스나 지하철 같은 대중 교통을 이용하면 자가용을 이용해서 움직이는 것보다 훨씬 더 환경에 도움이 될 수 있습니다.

에너지는 아끼는 만큼 이득입니다. 모든 활동들은 에너지를 필요로 하고 에너지를 쓰면 이산화탄소가 발생합니다. 그러니까 일단 새는 에너지부터 줄여야 합니다. 불필요한 전등은 끄고, 텔레비전 셋톱 박스 전원도 안 보면 전원을 꺼 둡니다. 안 쓰는 가전제품은 플러그를 빼 두고, 전기밥솥 보온도 꺼 두기만 해도 이산화탄소가 200g이나 덜 나옵니다. 난방 온도와 냉방 온도를 1도씩 낮추고 높인다고 해도 생활하는 데는 큰 무

학교에서 실천하는 탄소중립 교육 홍보자료(교육부)

리가 없습니다. 대신 에너지는 많이 절약할 수 있습니다.

불필요한 소비도 줄여야 합니다. 전체 이산화탄소 발생량의 1/3은 물건을 만드는 생산 과정에서 발생합니다. 종이컵이나 비닐봉투 등 1회용품을 줄이고, 텀블러와 장바구니를 사용하면 그만큼 자원도 아끼고, 온실가스도 줄이고, 돈도 절약할 수 있습니다. 좋은 물건을 사서 오래 쓰고, 용도가 없는 물건은 다른 사람들에게 나누어 쓰는 것도 도움이 됩니다. 물건의 수명이 길어질수록 다음에 이어서 필요한 물건이 그만큼 줄어들게 되니까요.

 이런 작지만 꾸준하고, 생활 속에서 직접 실천할 수 있는 활동들이 사실 더 중요합니다. 그렇지만, 이왕 차가 필요해서 산다면 조금 더 환경에 도움되는 선택을 하는 건 어떨까요? 아직은 좀 불편하고 비싸도 환경을 위해 전기차를 선택하는 사람들이 멋있어 보이는 것도 감안해서 말입니다.

미래 자동차에서
전기차를 빼놓을 수 없지!

멋진 영화 속의 자동차를 떠올려 봅시다

미래를 그린 영화에 나온 자동차들을 떠올려 봅시다. 유선형의 매끈한 외형에 운전자가 하는 말도 다 알아듣고 어디로 갈지 이야기하면 알아서 운전해 주고, 차 안에서 화상 전화도 되고, 이런 저런 정보도 바로 찾을 수 있는 자동차들이 떠오를 겁니다. 미끄러지듯 도로를 달리는 모습도 기억나네요.

그중에서도 제일 부러운 기능이라면 자율주행을 들 수 있습니다. 어디서든 부르기만 하면 주인공이 있는 곳으로 오고, 어디

멋진 스포츠카 형태의 미래형 자동차

로 가자고 하면 알아서 찾으러 가죠. 힘든 운전도 자동차가 대신
해 줍니다. 운전에서 자유로워지면 이동하는 동안에 할 수 있는
일들도 더 늘어나겠죠. 미래에 자율주행 기능이 일반화되고 나면
운전면허 시험도 자율주행 기능을 작동시키는 방법만 알면 통과
된다는 유튜브 영상을 본 적도 있습니다.

자동차가 스스로 달리는 일은 쉽지 않습니다

그렇지만, 사람 대신 자동차가 스스로 움직이는 과정은 쉽지 않
습니다. 카메라로 인식되는 영상에서 차선도 읽고 교통 신호도

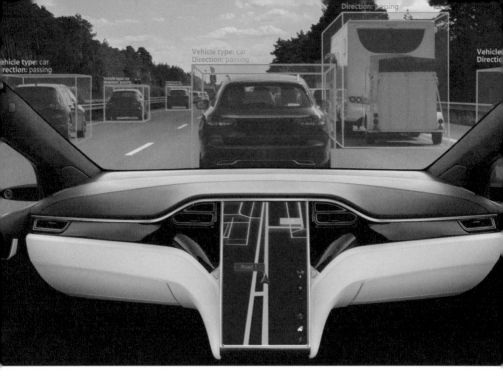

주변을 스스로 인식하며 달리는 자율주행 자동차

인식해야 합니다. 레이저를 이용하는 라이더나 전자기파를 이용하는 레이더 같은 센서들을 통해서 들어오는 정보를 분석해서 누가 사람이고, 누가 차인지 구분할 수 있어야 합니다. 그리고 상황에 맞춰서 차가 어떻게 움직여야 하는지도 판단해야 하죠. 사람이라면 운전을 하면서 의식하지 않아도 자연스럽게 하는 활동들이지만, 기계가 알아서 하게 하는 일은 생각보다 쉽지 않습니다. 그만큼 우리 뇌는 엄청난 일들을 실시간으로 하고 있습니다.

네트워크에 연결된 미래의 자동차들

　어디 그뿐인가요? 일단 어떻게 움직이기로 판단했으면 실제 운전자가 핸들을 돌리고 액셀러레이터와 브레이크를 밟듯이 자동차의 동작을 원하는 대로 제어해야 합니다. 어느 길로 가야 빠르고 안전하게 갈 수 있을지도 정해야 하죠. 마치 자동차가 아니라, 길 위를 달리는 로봇처럼 알아서 움직여야 합니다. 만약 이런 모든 과정을 수행하는 장비를 차에 다 싣는다면 아마 트렁크에는 각종 컴퓨터로 가득 차야 할 겁니다.

그래서 미래의 자동차는 차만 길 위를 달리는 이동 수단이 아니라 스마트폰처럼 네트워크에 연결되어 있어야 합니다. 클라우드 서버에 데이터를 보내고, 자율주행에 필요한 여러 가지 계산을 네트워크상의 슈퍼컴퓨터에 설치된 인공지능을 통해서 진행하게 되죠. 그렇게 여러 자동차에서 보내 준 데이터를 모아서 계속 학습하다 보면 인공지능의 알고리즘도 더 개선할 수 있습니다. 차와 차, 차와 고속도로 같은 교통 인프라들이 서로 연결되어서 위치를 확인하고 정보를 주고받으면서 발전해 나갑니다.

미래 자동차의 조건 C.A.S.E

이렇게 자동차가 알아서 움직이게 되면 자동차에 대한 개념도 달라집니다. 이동하는 '수단'이 아니라, 이동하면서도 다른 일을 할 수 있는 '공간'이 되어, 그 시간 동안에 어떤 일을 할 수 있는지에 더 관심을 쏟을 수 있습니다. 움직이는 공간에서 피자도 굽고, 잠도 잘 수 있는 다양한 목적 기반 자동차 PBV(Purpose Built Vehicle Built Vehicle)들이 길 위를 돌아다니게 될 겁니다.

자율주행이 더 활성화되면 지금은 지정된 주차장을 찾아가야 하는 쏘카(SOCAR) 같은 자동차 공유 서비스도 집 앞까지 알아서

2021년 도쿄 올림픽에서 선보인 도요타 e-팔레트(e-Palette)

찾아올 수 있게 됩니다. 그러면 훨씬 쉽게 부를 수 있고, 직접 주행도 안 해도 되고, 주차장을 찾을 필요도 없어지는데, 별도의 인건비는 들지 않으니 차량 공유 서비스의 사용이 더 편리해지겠죠. 내 차를 안 쓰는 동안에는 다른 사람과 공유해서 수익을 창출할 수도 있습니다. 그렇지만 더 나아가 그냥 필요하면 부르면 되는데 왜 굳이 차를 소유해야 하는지에 대해서 진지하게 고민하게될 겁니다.

2018년, 독일 자동차 회사 벤츠의 브리타 시거 부회장은 이런

Connected	커넥티드	
Autonomous	자율주행	
Sharing	공유	
Electrical	전동화	

미래 자동차의 조건 - C.A.S.E

경향을 반영해서 미래 자동차의 조건으로 C.A.S.E를 주장했습니다. 연계성(Connectivity), 자율주행(Autonomous), 공유(Sharing), 전동화(Electrification)를 미래 모빌리티 변화를 대표하는 네 가지 키워드로 제시한 것이죠. 스마트폰처럼 네트워크에 연결되어 로봇처럼 알아서 길을 찾아 움직이고, 이동하기 위해 소유해야 하는 수단에서 공유할 수 있는 공간으로 앞으로의 자동차, 더 나아가 모빌리티 산업은 이 네 가지 축을 중심으로 변화해 나갈 것입니다.

" 토론거리

자동차를 공유하게 되면 자동차를 소유하고자 하는 사람의 수는 늘어날까요, 아니면 줄어들까요?

전기차는 필수라니까요, 필수!

이런 모든 작업을 수행하기 위해 가장 기본이 되는 것이 전기차로의 전환, 전동화입니다. 일단 자율주행 기능을 수행하는 데 필요한 전기 에너지가 만만치 않습니다. 각종 센서들, 계산하는 컴퓨터들, 통신 기기들을 모두 작동시키려면 내연기관 자동차에서는 지금보다 훨씬 더 큰 얼터네이터라고 하는 별도의 발전기와 전원을 공급하는 보조 배터리도 달아야 합니다. 그러나 전기차는 차량 구동용 배터리에서 좀 더 낮은 전압으로 낮추어 주는 변압기만 달아주면 됩니다. 전환 효율도 훨씬 좋고요. 자동차가 스마트폰처럼 될수록 전기차가 더 유리합니다.

현대자동차의 가솔린 직분사 엔진(왼쪽)과 전기차에 들어가는 모터(오른쪽)

스스로 충전하는 로봇 청소기

인공지능이 자동차의 움직임을 제어하는 데도 전기차가 유리합니다. 자동차를 원하는 대로 구동하려고 할 때 자동차 엔진이 해결해야 하는 가장 큰 어려움은 유해 배기가스입니다. 화석 연료를 태우는 연소 과정에서 발생하는 배기가스들을 통제하려면 연소에 필요한 공기를 빨아들이고, 적절한 양의 연료를 투입하고 잘 섞어서 최적의 타이밍에 연소시켜 주어야 하는 복잡한 과정을 거쳐야 합니다. 거기에 차 속도에 맞춰서 기어 단수도 일일이 변속해 주어야 하죠.

이에 비해 전기로 동작하는 모터는 배기가스나 공기를 빨아들이는 물리적인 과정 없이 직접적이면서도 빠르게 원하는 출력을 생성할 수 있습니다. 회전수도 분당 만 번의 회전까지 거의 제한이 없어서 기어 단수의 변속이 필요 없는 것도 큰 장점입니다.

그리고 내연기관 자동차는 어쨌든 주유를 위해서는 중간에 한 번씩 사람의 손을 거쳐야 하지만, 전기차는 무선 충전 기술을 활용하면 완전히 사람의 손을 거치지 않고도 운영할 수 있습니다. 마치 집을 청소한 후에 스스로 충전하는 로봇 청소기처럼 말이죠. 거기에 갈수록 심각해지는 환경 오염에 대한 대안까지, 이렇게 우리가 꿈꾸는 미래 자동차의 첨단 기술들을 구현하려면 전기차로의 전환은 선택이 아닌 필수입니다.

전 세계 어디서든 연결되는
자동차를 꿈꾸는 테슬라

미래 자동차가 자율주행 같은 기능들을 제대로 구현하려면 네트워크에 항상 연결되어 있어야 합니다. 그러나, 높은 산에 올라가면 휴대폰이 신호 이탈되는 경우가 종종 있죠. 데이터 전송 속도를 높이려면 높은 주파수를 써야 하는데 이런 신호들은 전파력이 떨어지고 장애물에 취약한 단점이 있습니다. 길이 있는 곳이면 어디든 가면서 빠르게 이동하는 자동차가 네트워크에 계속 연결되어 있으려면 그만큼 기지국이 촘촘히 설치되어 있어야 합니다. 하지만, 아직 통신 인프라가 잘 갖추어지지 않은 나라와 특히 인구가 밀집되어 있지 않은 곳에서는 한계가 있을 수밖에 없습니다.

전 세계에 네트워크를 기반으로 한 자율 주행 기능이 탑재된 전기차를 판매하고 있는 테슬라는 그 해법을 CEO의 다른 회사에서 찾으려 합니다. 바로 저궤도 통신위성을 이용한 스타링크입니다. 테슬라가 최근에 발표한 계획에 따르면 프리미엄 서비스를 통해서 새 버전의 스타링크를

테슬라가 스타링크 V2와의 연결을 지원한다는 기사

자동차에서 접속할 수 있게 하겠다고 밝혔습니다. 지구 어디에서든 네트워크에 연결되는 환경을 스스로 만들겠다는 의미입니다.

기존의 위성 통신망이 있었지만, 대부분 너무 높은 궤도에 있는 위성을 이용하다 보니 접속 가능한 영역은 넓지만, 신호가 약해서 데이터 전송 속도도 느리고 큰 안테나를 사용해야 했습니다. 일론 머스크는 이 문제를 지상 1,000㎞ 정도의 더 낮은 궤도에 많은 위성을 띄워서 촘촘히 배치하는 것으로 해결합니다. 2023년 우크라이나-러시아 전쟁으로 인터넷 상황이 좋지 않은 우크라이나 정부가 지원요청을 하자 3,670개의 스타링크 단말기를 기부해서 전쟁에 활용한 적도 있지요. 이처럼 위성을 이용하게 되면 양질의 인터넷 서비스를 차량에 탑재 가능한 크기의 작고 저렴한 안테나로 어디서든 누릴 수 있게 됩니다.

이런 사업이 성공하는데 가장 큰 걸림돌은 전 세계를 커버할 만큼의 위성을 쏘아 올리는 비용을 어떻게 감당하느냐입니다. 그러나 머스크의 또 다른 회사인 민간 우주선 사업 스페이스 X는 발사 후 버려지던 발사체를 재사용하는 방법을 개발하여 위성을 우주에 보내는 비용을 획기적으로 줄이는 데 성공했습니다. 일론 머스크가 테슬라보다 스페이스 X 사업을 먼저 시작한 걸 보면, 우주를 통해 어디에서든 네트워크에 연결 가능한 자동차를 만들고자 하는 큰 그림이 그의 머릿속에는 진작부터 있었음을 짐작할 수 있습니다.

2장.

기존 차들과 전혀
다른 전기차만의
특징

1

하이브리드,
누구냐 넌?

전기차로 넘어가는 징검다리, 하이브리드

길 위에 이산화탄소를 줄이는 방법 중에 전기차도 있지만, 엔진이 달린 자동차의 연비를 개선 해도 도움이 되겠죠. 효율이 좋은 엔진을 만들기 위해 많은 노력이 있었지만, 엔진 자체로는 아무래도 한계가 있습니다. 속도가 느리면 엔진 자체를 움직이게 만드는데 에너지를 많이 빼앗겨서 효율이 높지 않고, 브레이크를 밟을 때마다 연료를 태워서 만든 에너지가 열에너지로 날아가 버립니다.

모터 주행(전기차 모드)	엔진 + 모터 주행	엔진 주행	모터 충전	엔진 정지
1 출발/저속 모터만 구동	**2** 가속 엔진 작동 & 모터 보조	**3** 중/고속 정속 엔진만 구동	**4** 감속 배터리 충전	**5** 정지

1 모터 주생(전기차 모드) : 큰 구동력이 필요치 않은 출발이나 서서히 가속 시 전기모터를 사용한다.

2 엔진+모터 주행 : 속도 증가로 큰 구동력이 필요시 엔진 시동하거나 오르막길, 급고속 등으로 매우 큰 구동력이 필요시 엔진과 전기모터를 동시에 사용한다.

3 엔진 주행 : 엔진 효율이 가장 좋은 고속 정속 주행시는 엔진만 사용한다.

4 모터 충전 : 감속이나 제동 시 발생되는 에너지를 전기 모터를 이용한 전기에너지를 전환시켜 배터리를 충전한다.

5 엔진 정지 : 신호대기 등 정차 시 엔진이 정지된다.

하이브리드 차량의 주행 방식

혼종이라는 뜻의 하이브리드 자동차는 이런 단점을 극복하기 위해 엔진과 전기 모터가 혼합된 형태의 자동차입니다. 처음 출발하고 저속에서는 전기차처럼 모터만으로 주행하다가 오르막을 오르거나 가속을 위해 큰 힘이 필요할 때는 엔진과 모터를 함께 운영해 줍니다. 엔진 효율이 좋은 60~80kph에서는 엔진만 주행하고, 감속 상황이 되면 모터를 발전기처럼 사용하는 회생 제동이라는 과정을 통해 배터리를 충전하며, 잠시 서 있는 동안에는 엔진을 끄고 대기합니다. 이렇게 주행 상태에 따라 모터와 엔진을 섞어 쓰면서 가장 좋은 효율을 유지하도록 제어해 줍니다.

이런 주행을 위해서는 내연기관 자동차에 추가로 모터도 있어야 하고, 작지만 모터를 동작시킬 배터리도 있어야 합니다. 그리고 모터와 엔진을 이어주는 동력 전달 장치도 훨씬 더 복잡한 구조여야 하죠. 주행 중에는 엔진이 작동하지 않는 구간도 있으니, 엔진이 없어도 에어컨이나 자동차 내 12V 배터리를 충전하게 하기 위한 장치도 더 많이 필요합니다. 그래서 하이브리드 자동차는 일반 자동차보다 300~500만 원 정도 더 비쌉니다. 대신에 연비는 20~30% 정도 더 좋아서 주행할수록 기름값을 아낄 수 있습니다. 연평균 주행 거리가 긴 운전자에게는 연비가 좋은 하이브리드 자동차를 사는 것이 더 경제적일 수 있습니다.

전기차에 한 걸음 더 다가간 플러그인 하이브리드

전기차 구매의 큰 고민 중 하나는 방전에 대한 걱정입니다. 어디서든 쉽게 찾을 수 있는 주유소에 비해 상대적으로 충전소는 눈에 잘 띄지 않죠? 전기차를 타는 사람들은 차가 가다가 중간에 방전되어서 멈춰 설지도 모른다는 두려움이 있습니다. 그런 두려움을 일정 부분 해결해 줄 수 있는 절충안으로 한 걸음 더 전기차에 다가간 옵션이 플러그인 하이브리드입니다.

플러그인 하이브리드는 하이브리드 차량에 배터리와 모터 용량을 키우고 충전 포트를 추가했습니다. 일단 모터가 전기차와 거의 같은 스펙으로 모터만으로도 100~120kph 정도의 속도를 구

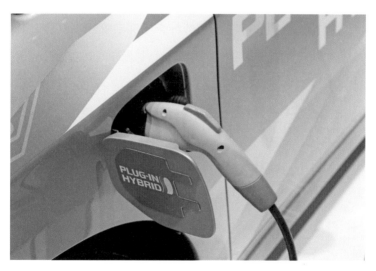

일반 하이브리드와는 다르게 충전 포트가 있는 플러그인 하이브리드 차량

현할 수 있고, 배터리 용량도 보통 40~60㎞ 정도의 거리는 순수 전기차 모드로 주행이 가능합니다.

최고 토크는 엔진과 모터를 합친 힘을 낼 수 있어서 하이브리드나 순수 전기차보다 더 높습니다. 크고 무거운 고급 차량을 운행하는 데 충분한 힘을 낼 수 있어서 그랜저 이상의 준대형 차량에 주로 많이 적용됩니다. 그리고 어쨌든 상당한 구간을 전기만으로 다닐 수 있어서 비슷한 사양의 가솔린 차량 대비 연비 수준도 30% 정도 개선됩니다. 대신 엔진도 들어가고 큰 모터도 들어가고 배터리도 큰 용량으로 들어가야 해서 구조가 복잡하고 무겁고 비쌀 수밖에 없습니다. 연비에서 아무리 절약한다고 해도 5년 이내에 차 값 차이를 뽑기는 쉽지 않습니다. 그리고 충전 없이 일반 주행을 주로 한다면 하이브리드보다 무거운 무게 때문에 연비가 더 나쁘게 나올 수도 있습니다. 이런 단점들 때문에 시장에서는 아직 많은 운전자의 선택을 받지 못하고 있습니다. 하지만 만약 집이나 직장에서 충전을 쉽게 할 수 있는 사람이라면 출퇴근 정도는 EV 모드로 주행이 가능하니까 하이브리드보다 더 경제적이기도 합니다. 앞으로 배터리 무게가 더 가벼워지고 더 저렴해지면 플러그인 하이브리드를 찾는 사람들이 더 늘어날 겁니다.

모터로만 주행하는 순수 전기차

결국, 하이브리드와 플러그인 하이브리드, 그리고 순수 전기차는 기존 내연기관에 전기 모터와 배터리의 역할이 어느 정도 개입되는가에 따라 구분됩니다. 순수 전기차는 말 그대로 엔진 없이 배터리에 충전된 에너지로 모터로만 주행하는 전기 자동차를 의미합니다. 엔진이 없으니 주유할 필요도 없고 배기가스도 없습니다.

순수 전기차는 고밀도 대용량 배터리가 장착되어서 주행 거리가 플러그인 하이브리드보다 훨씬 길고, 플러그를 꽂아 배터

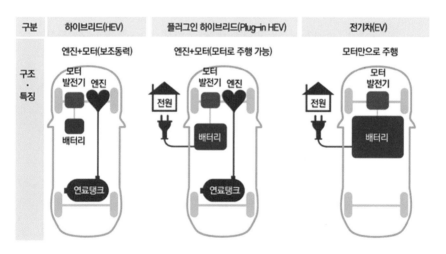

하이브리드, 플러그인 하이브리드, 전기차의 구조 비교

테슬라 모델 S

리를 충전합니다. 최대 용량으로 충전하면 300~400㎞를 주행할 수 있는데 기술의 발달로 주행 가능 거리는 점점 늘어나고 있습니다. 모터로만 달리니 힘이 약하다고 생각할 수도 있지만, 낮은 속도에서도 높은 힘을 낼 수 있어서 가속력이 뛰어납니다. 그리고 모터는 크기도 작고 여러 개를 설치할 수 있어서 앞뒤 바퀴에 동시에 달면 엔진보다 더 강력한 힘을 낼 수 있습니다. 테슬라의 모델 S는 멈춘 상태에서 시속 100㎞에 도달하는 시간인 제로백이 2.7초대로 포르쉐 스포츠카 911 수준입니다.

내연기관 자동차는 화석 연료를 열에너지로 전환하는 과정에서 소음과 진동이 크지만, 순수 전기차는 배터리에 저장된 전기 에너지로 모터를 작동시키기만 하면 되기 때문에 소음이 전혀 없습니다. 그래서 보행자들의 안전을 위해서 일부터 스피커로 소음을 만들어 주기도 합니다. 또 내연기관 자동차는 연료를 연소하는 과정에서 발생하는 부산물들이 차량 뒤쪽의 배기가스 배출구로 나오지만, 전기차에서는 필요가 없습니다. 에너지 전환 과정에 부산물이 전혀 나오지 않기 때문입니다.

전기차를 충전하는 전기 요금은 같은 거리를 가는 가솔린 연료 가격의 1/10 수준으로 매우 저렴합니다. 대신 용량이 큰 배터리가 들어가기 때문에 차 값은 일반 자동차들보다 훨씬 더 비싼 편이라 소비자에게 부담이 될 수밖에 없습니다. 그래서 많은 국가에서는 전기차 보급을 촉진하기 위해 보조금 제도를 도입해서 전기차를 구매하는 비용의 부담을 덜어주려고 노력하고 있습니다.

>> **토론거리**

차 값은 비싸지만 유지비가 적게 드는 전기차와 차 값은 싸지만 유지비가 많이 드는 내연기관 차 중에서 어떤 차를 구매하는 것이 합리적일까요?

특허를 공개해서 시장을 넓힌 도요타 자동차

하이브리드 자동차로 가장 대표적인 자동차 회사라면 일본의 도요타가 가장 먼저 떠오릅니다. 기후 위기 등 이러한 말들이 있기 훨씬 전인 2003년부터 프리우스로 하이브리드라는 장르를 처음 열었던 도요타는 다른 메이커들을 압도하는 연비로 친환경 차량의 이미지를 지켜 왔습니다.

도요타 하이브리드의 연비가 탁월한 이유는 엔진과 모터 사이의 에너지 배분을 더 효율적으로 하는 자체 기술력 때문입니다. 프리우스에 들어가는 2ZR-FXE 엔진은 힘을 많이 필요로 하는 급가속 구간을 제외하고 항상 엔진 효율이 제일 좋은 최적점을 따라 엔진을 구동시킵니다. 그리고 엔진에서 만든 에너지로 차를 움직이고 남는 에너지는 배터리에 바로 충전하는 로직이 적용되어 있습니다. 이런 차별적인 기술을 바탕으로 도요타는 프리우스 출시 이후로 계속 하이브리드 시장을 주도해 왔습니다.

도요타에서 공개한 하이브리드 기술 특허

하지만 탄탄대로 같았던 하이브리드 시장도 전기차의 도래로 점점 위축됩니다. 2016년 이후 전 세계적으로 강화된 CO_2 규제 때문에 전기차 판매에 대한 필요성이 높아지게 되면서 그때까지도 하이브리드 시장의 50% 이상을 차지하고 있던 도요타는 큰 위기감을 느끼게 됩니다.

이에 도요타는 2019년에 23,740개 달하는 하이브리드 관련 특허를 2030년까지 무상으로 사용할 수 있도록 공개했습니다. 그동안 특허에 막혀서 동력 전달 및 최적점 배분 설계를 하지 못한 경쟁사들에게 길을 열어 준 것입니다. 이런 노력 덕분에 다른 회사들의 하이브리드 차량들도 연비 수준이 2020년을 기점으로 향상되기 시작하고, 기존의 하이브리드 차량을 출시했거나 꺼렸던 메이커들도 하나둘 시장에 신차를 내놓기 시작했습니다. 자연스럽게 하이브리드 차량을 찾는 고객들도 늘어났습니다.

그러나 시장이 확장하면서 가장 큰 이득을 본 회사는 시장을 선도하는 도요타였습니다. 특허 공개 이후에도 여전히 30% 이상의 마켓 셰어를 보이며 경쟁사를 압도했죠. 2020년 이후부터는 세계 자동차 판매량 전체 1위 자리를 굳건히 지키고 있고, 특히 2023년에는 전기차 보급이 주춤한 사이에 늘어난 하이브리드 수요를 바탕으로 큰 성장을 계속하고 있습니다. 오히려 기술을 공개함으로써 더 큰 성공을 가져온 도요타의 사례는 기술에 대한 소유와 보안에만 신경 쓰는 우리나라 산업계에 큰 교훈을 줍니다. 틀에서 벗어난 도전이 새로운 판을 키울 수 있다는 점을 기억해야 합니다.

2

전기차는
뭐가 달라요?

자동차의 기본 구조

우리 주위에 있는 자동차들은 제각각 디자인이 다릅니다. 그렇지만 좋은 자동차라면 일단 원하는 방향대로 잘 가고, 잘 서야 합니다. 앞으로 가는 전진, 멈추는 제동, 방향을 정하는 조향이라고 부르는 자동차의 3대 메커니즘을 구현하기 위해서 겉모습은 다르지만 자동차들은 기본적으로는 다 비슷한 구조로 되어 있습니다.

차가 앞으로 가려면 에너지를 만들어야 합니다. 차를 움직이는 에너지는 엔진에서 화석 연료를 폭발시켜 만들어 냅니다. 그

자동차 엔진(왼쪽)과 차의 뼈대를 이루는 섀시 시스템(오른쪽)

리고 자동차의 속도에 맞추어서 회전수를 조정해 주는 데 이런 역할을 하는 것이 변속기입니다. 자동차 앞 후드를 열면 보이는 엔진과 운전석 오른쪽에 있는 레버로 조정하는 변속기를 모아서 파워트레인(Power-Train)이라고 부릅니다.

이렇게 파워트레인에서 만들어진 회전 에너지로 차를 움직이려면 자동차 바퀴의 타이어로 힘을 전달해야 합니다. 변속기에서 나온 출력은 여러 기어를 거쳐서 좌우의 앞뒤 바퀴에 효과적으로 나누어집니다. 거기에 잘 멈추기 위한 브레이크와 바닥으로부터 오는 충격을 흡수하는 스프링도 바퀴 주변에 함께 달려 있습니다. 차를 이렇게 움직이는 데 관여하는 시스템과 운전자가 진행 방향에 따라 돌리는 핸들과 연결된 조향 장치를 합쳐서 자동

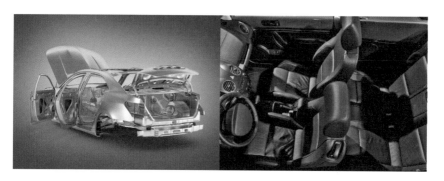

금속으로 이루어진 자동차 외장 바디(왼쪽)과 가죽 소재의 내장재(오른쪽)

차 섀시(Chassis)라고 부릅니다.

이렇게 파워트레인과 섀시만 있으면 일단 움직이는 데 필요한 기본 구성은 다 갖추어진 셈입니다. 그래도 카트도 아니고 이런 상태로 차를 팔 수는 없겠죠. 충돌이 나면 사람을 보호하고, 멋진 디자인이 들어간 외장 바디는 주로 알루미늄이나 철로 만들어집니다. 그리고 그 안에 사람이 앉아서 활동하는 내부 인테리어로 시트 같은 내장재가 들어갑니다. 운전하는 동안 사용하는 오디오, 내비게이션, 에어컨 등 각종 편의 장치들도 함께 구성되어 있습니다.

요즘은 이런 모든 장치가 전기를 통해 동작합니다. 마치 사람

자동차 안에 그물망처럼 차 전체에 퍼져 있는 전선들

도 신경이 연결되어서 보고 느끼고 근육도 움직이듯이 자동차 내부에도 거미줄처럼 전선들이 연결되어 있고, 센서로 측정하고 신호를 전달하고 원하는 움직이는 동작을 수행할 수 있도록 구성되어 있습니다. 간단해 보이지만 정말 많은 부품들이 각각의 역할을 잘 수행할 때 비로소 제대로 달리는 자동차가 완성됩니다.

엔진이 모터로, 연료 탱크가 배터리로

전기차도 자동차니까 기본적인 구조는 내연기관 자동차와 유사합니다. 다만 차가 앞으로 나아가는 에너지를 만드는 파워트레인

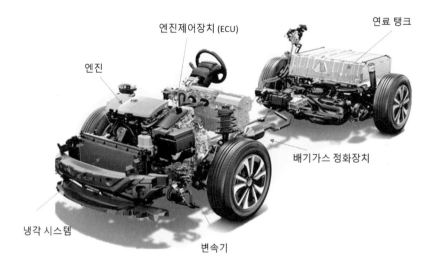

엔진제어장치 (ECU)

연료 탱크

엔진

배기가스 정화장치

냉각 시스템

변속기

엔진을 구동하기 위한 시스템

만 엔진에서 모터로 바뀌게 됩니다. 그리고 연료를 담아 두었던 연료 탱크는 전기를 충전해서 쓰는 배터리로 바뀝니다.

연료를 폭발시켜서 에너지를 만드는 엔진은 많은 부속 장치가 필요합니다. 일단 연료가 공급될 수 있도록 연료 탱크와 연료 파이프가 있어야 합니다. 엔진에서 연료를 태우면 많은 열이 발생하니까 이를 식혀 주기 위한 냉각 시스템도 있어야 하죠. 그리고 연료를 태우고 나오는 배기가스 중에 우리 몸에 안 좋은 성분은 따로 걸러 주는 배기가스 정화 장치도 필요합니다. 그리고

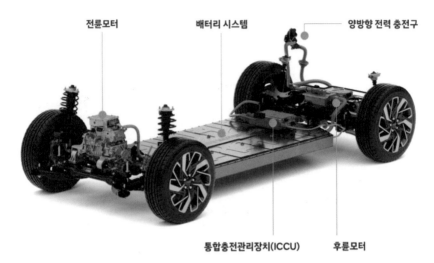

전륜모터　　　　　배터리 시스템　　　　　양방향 전력 충전구

통합충전관리장치(ICCU)　　　후륜모터

전기차 기본 구조(현대차 홈페이지 참조)

이 모든 걸 제어하는 컴퓨터 같은 엔진 제어 장치(ECU, Engine Control Unit)에 복잡한 소프트웨어가 들어가 있습니다.

　　전기차는 이런 복잡한 구조가 훨씬 간단해집니다. 엔진은 모터로 바뀌고, 연료 탱크는 배터리로 바뀝니다. 충전을 위한 배선과 모터와 배터리를 관리하는 관리 장치가 필요하지만, 냉각 시스템이나 배기가스 정화 장치는 필요가 없습니다.

　　1분당 회전하는 속도인 RPM(Revolution per Minute)도 엔진

은 연료가 폭발하는 데 시간이 필요하기 때문에 4천~5천 rpm 이하에서만 작동해야 합니다. 차량의 속도가 올라가면 차속과 엔진의 회전수의 비율을 맞춰주는 변속기가 필요합니다. 그러나 전기차에 들어가는 모터는 1만 rpm까지도 문제없이 돌릴 수 있어서 간단하게 속도비를 줄여주는 감속기만 있으면 됩니다.

배터리가 더 중요해졌습니다

기존의 자동차에서 가장 중요한 부품이 엔진이었다면, 전기차에서는 배터리가 가장 중요합니다. 전기차에 들어가는 배터리는 보통 건전지에 쓰이는 직류로 500V 정도로 작동됩니다. 1.5V 건전지를 300개가 넘게 직렬로 연결한 것과 같은 수준이라서 직접 사람에게 닿거나 누전되면 크게 다칠 수 있습니다.

그래서 전기차에 들어가는 차량용 배터리의 고전압 부분의 배선은 밝은 오렌지색으로 구분합니다. 그리고 엄청나게 센 수압에도 절대 물이 새지 않도록 방수 처리를 하고 인증을 받아야 차를 판매할 수 있습니다. 자동차 회사에서는 차가 만들어 지면 반쯤 차가 물에 잠긴 상태로 주행이 가능한지를 점검하고 난 후에 문제가 없는 차만 판매합니다.

고전압 전선이 오렌지색으로 구분되는 전기차 모터와 배터리 주변 장치

　주유소에서 연료를 주유하는 것보다 전기차를 충전하면 아무래도 시간이 더 오래 걸립니다. 그래서 빠른 시간에 많은 전력을 충전해도 안전해야 하고, 같은 충전량이어도 더 멀리 갈 수 있는지가 중요해졌습니다. 누가 더 큰 용량의 배터리를 가볍고 안전하게 만드는지가 성능의 차이를 만듭니다. 전기차로 가면서 차는 더 단순해지고, 그에 따라 자동차 산업의 무게 중심도 자동차 회사에서 배터리 회사로 옮겨 가고 있습니다. 최근에 이차 전지 회사들이 주식 시장에서 주목을 받는 이유도 이 때문입니다.

전기 모터와 엔진 중에
어떤게 더 효율이 좋을까요?

　자동차 엔진에서 에너지를 내려면 공기를 빨아들이고, 압축하고, 폭발을 일으켜서 밀어내는 힘을 만들고, 다시 배기관으로 내보내는 네 가지 과정을 거칩니다. 이때 열로 손실되고, 뜨거운 배기가스로 빠져나가는 에너지가 있을 수밖에 없습니다. 연료가 가진 에너지를 100%라고 하면 가솔린 엔진의 효율은 25%, 디젤 엔진은 35% 정도입니다. 엔진에서 나오는 에너지를 자동차가 움직이는데도 손실은 발생합니다. 차가

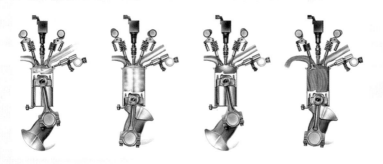

엔진에서 일어나는 흡기-압축-폭발-배기 과정

멈춘 아이들 상태에서도 엔진은 돌아가고, 변속기를 거쳐 바퀴로 전달되는 동안 효율은 더 떨어집니다. 가솔린보다 디젤이, 엔진의 크기가 작을수록 효율은 더 좋습니다. 낮은 속도로 가다 서기를 반복하는 도심 주행이나, 시속 100㎞/h 이상의 고속 주행보다는 시속 80㎞/h 정도로 정속 주행하는 것이 가장 연비가 좋습니다.

그럼 전기차에 쓰이는 모터는 자동차 엔진에 비해 어떨까요? 배터리 자체에 충전된 전기를 모터에서 회전력으로 전환하는 효율은 엔진보다 훨씬 높습니다. 다만, 충전기에서 배터리에 충전하는 과정에서 손실되는 에너지도 있고 엔진과는 달리 고속 회전 시에는 효율이 더 떨어집니다.

미국 에너지관리국에서 집계한 자료에 따르면, 전기에너지가 100%라면 충전하면서 10%가 손실되고, 차량에 다른 장치들을 동작시키는데 7%, 모터로 전달되어서 차를 움직이는데 20% 정도가 쓰입니다. 대략 충전하는 전기의 60% 이상은 차가 움직이는데 적용된다고 하니, 내연기관 자동차보다는 효율이 세 배 가까이 좋은 편입니다. 그러나 전기를 만드는 효율도 따져 봐야 하겠죠. 화력 발전소의 효율이 대략 50% 정도임을 고려하면 전체적으로 봤을 때 전기차가 훨씬 더 효율적이라고 단정하기는 어렵습니다. 차 자체보다 전기 자체를 생성하고 보관하고 충전하는 방식에 대한 개선도 함께 이루어져야 합니다.

전기차의 핵심, 배터리

모터보다 배터리라니까요

성능 좋은 자동차라고 하면 어떤 차가 떠오르나요? 람보르기니 같은 큰 엔진의 스포츠카가 먼저 생각납니다. 엔진이 크면 클수록 한 번에 태워서 낼 수 있는 힘이 좋아지니까, 흔히 말하는 슈퍼카는 엔진 기통 수도 여러 개이며, 크기도 큽니다. 그래서 자동차의 심장은 엔진이라는 말도 있습니다.

그러나 전기차로 가면 관점이 조금 달라집니다. 전기 모터는 엔진보다 낮은 속도에서도 큰 힘을 낼 수 있어서 작은 모터로도

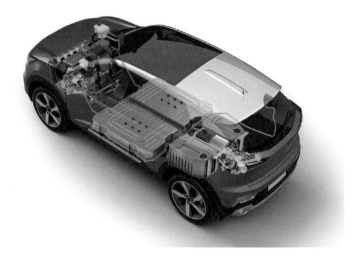

전기차 바닥에 위치한 주행용 배터리

충분한 힘을 낼 수 있습니다. 크기가 작아서 앞뒤로 두 개를 달거나 아예 바퀴마다 하나씩 다는 경우도 가능합니다. 힘이 필요하면 그냥 모터 수를 늘리면 됩니다. 연료를 태우기 위해 공기를 빨아들이고, 높은 압력으로 연소실 내에 분사하고, 압축하고, 스파크 플러그에서 불꽃을 내어 폭발시키고, 나오는 배기가스를 정화하는 엄청 복잡한 과정을 처리해야 하는 엔진은 메이커마다 개발하는 방향이 달라서 차이가 났습니다. 그러나 전기 모터는 자동차 외에도 많은 산업 분야에서 쓰이고, 구조도 단순해서 중소기업에서 만들어도 큰 차이가 없습니다.

그래서 전기차에서는 힘을 내는 모터보다 배터리가 더 중요해졌습니다. 아무래도 한번 충전하는 데도 시간이 오래 걸리고, 완전 충전한 후에 갈 수 있는 주행 거리도 일반 내연기관 자동차보다는 짧으니까요. 전기차를 선택하는 데 주저하게 되는 이런 불편함을 누가 더 빨리 극복하는지가 관건이 되었습니다. 빠르게 충전되고 한번 충전하면 멀리 가는 배터리를 만드는 기술을 누가 확보하느냐가 제일 중요한 경쟁력이 되고 있습니다.

핸드폰 배터리랑 비슷한데, 좀 큽니다

전기차에 들어가는 배터리는 핸드폰에 들어가는 배터리와 원리 자체는 비슷합니다. 외부로부터 유입되는 에너지를 화학적 에너지로 변환해서 전환한 후에 필요에 따라 사용하는 개념이죠. 시계에 넣는 건전지처럼 한번 쓰고 나면 다시 쓸 수 없는 1차 전지와는 달리 핸드폰이나 전기차에 들어가는 2차 전지는 충전과 방전을 반복할 수 있습니다.

배터리는 양극과 음극, 그리고 그사이를 채우는 액체로 된 전

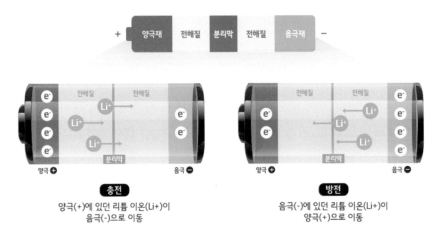

배터리의 구성과 원리(LG에너지솔루션 홈페이지 참조)

해질로 구성됩니다. 양극과 음극 사이에는 분리막이라고 해서, 마치 커피 추출기의 필터처럼 전해질의 이온은 통과시키지만, 다른 물질을 통과하지 못하게 막아 주는 구조도 추가됩니다. 보통 음극은 탄소를 사용하고, 양극재는 배터리의 특징에 따라서 니켈-코발트-망간 같은 특수한 물질들로 구성됩니다. 전자를 직접 생산하는 중요한 전해질에는 리튬이 사용되고 있습니다.

건전지 같이 배터리 하나의 최소 단위를 셀(Cell)이라고 부르고, 이걸 모아서 패키지 한 걸 모듈(Module)이라고 합니다. 전기

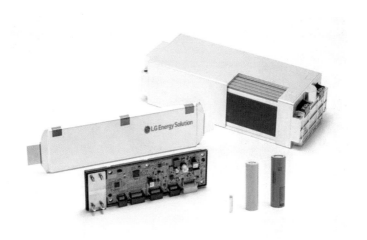

원통형 파우치형 셀과 이를 모아서 만든 모듈(LG에너지솔루션 홈페이지 참조)

자동차를 구동하려면 500V 정도로 높은 직류 전압이 필요한데 각각의 셀들을 모듈 내에서 직렬로 연결한 뒤에 그런 모듈을 모아서 자동차 전체에 들어가는 배터리 팩을 만들어 자동차 회사에 납품하게 됩니다.

셀 내부는 음극과 양극을 분리하고, 충전 혹은 방전하는 동안에 나오는 열을 식혀 주고, 충격을 받아도 안전하게 보호해 주는 구조로 되어 있습니다. 이런 배터리 작동 방식은 회사마다 달라서 그 기술에 따라서 배터리 형태도 다양합니다. 테슬라에 들어

추운 겨울은 전기차도 힘들어요.

가는 건전지 같은 원통형도 있고, 현대 아이오닉에 들어가는 길쭉한 파우치 형태도 있습니다. 어떤 전기차에, 어느 위치에 얼마나 많은 양을 넣느냐에 따라서 어떤 형태의 셀을 어떻게 배치할 것인지를 결정합니다.

배터리의 기본적인 특징은 휴대폰과 같습니다. 충전하거나 많이 사용하면 열이 나고 그래서 식혀 주는 냉각 장치도 함께 있습니다. 반대로 너무 추운 곳에 핸드폰을 두면 갑자기 꺼지듯이 전기차도 너무 추우면 배터리 성능이 떨어집니다. 그래서 평소에 차 전체에서 나오는 열을 잘 챙겨 두었다가 추운 날에는 오히려 배터리를 따뜻하게 해 주는 시스템도 구성되어 있습니다.

자동차 구조도 배터리에 맞춰서 싹 바뀌었습니다

초창기인 2010년대에 전기차는 일반 자동차에서 엔진 자리에 모터를 넣고, 연료 탱크 자리에 배터리를 넣어서 만들었습니다. 기존의 내연기관 자동차의 플랫폼을 그대로 사용한 것이죠. 그

2023 인터배터리에 전시된 SK온의 전기차 배터리 플랫폼

E-GMP 전기차의
실내 공간

현대차 전기차 전용 플랫폼 E-GMP의 실내 공간

랬더니 배터리가 너무 무거워서 차가 뒤쪽으로 무게 중심이 쏠리면서 운전자가 원하는 대로 방향 전환이 잘 안되는 문제가 발생했습니다. 그리고 차량 뒤쪽으로 충돌이 나면 배터리가 손상을 입기도 하고, 차에 넣을 수 있는 배터리의 용량도 한계가 있을 수밖에 없었습니다. 앞쪽은 엔진 대신 모터가 들어가서 텅텅 비어 있는데 말이죠.

그래서 요즘은 대부분의 자동차 회사가 배터리를 바닥에 깔아서 무게 중심을 낮추고 차의 크기에 따라서 용량을 자유롭게 늘릴 수 있도록 하는 전기차 전용 플랫폼이 대세입니다. 테슬라가 제일 먼저 시작했고 국내외 다른 기업들도 따라 하기 시작했죠. 배터리를 바닥에 깔게 되니까, 일단 무게 중심이 낮아져서 움직임이 안정적으로 되고 충돌에도 잘 보호할 수 있습니다. 거기다가 마치 스케이트보드처럼 주요한 부품들을 바닥에 깔게 되니까 활용할 수 있는 실내 공간이 더 넓어지게 됩니다.

자동차 무게가 2톤 정도라면, 그 중 배터리는 400~500㎏으로 1/4에 해당합니다. 가격도 차 값의 40% 이상을 차지해서 5천만 원가량하는 전기차의 배터리가 2천만 원 정도의 비중을 차지합니다. 일반 내연기관 자동차보다 전기차가 비싼 이유는 대부분 배터리 비용이 많이 들기 때문입니다. 그래서 정부에서는 전기차를 사는 사람에게 배터리 보조금을 지급합니다. 보조금을 지급하는 대상이 차가 아니라 배터리라서 전기차를 폐차하면 남은 배터리의 일정 지분은 여전히 정부가 가지고 있어서 함부로 처분할 수도 없습니다.

이렇듯 배터리는 전기차에서 가장 무겁고, 비싸고, 상품성을 좌우하는 중요한 부품입니다. 거기에 배터리를 만드는 공장을 짓는데 드는 돈이 수조 원이다 보니, 요즘은 자동차 회사가 갑이 아니라, 배터리 회사가 갑으로 변했습니다. 배터리를 만들었으니 차 만들 때 사주시라고 요청하는 것이 아니라, 자동차 회사가 전기차를 만들 테니 거기 들어갈 배터리를 만들어 달라고 미리 계획을 공유하고 배터리 공장을 짓는 데 투자도 보태면서 예약해야 하는 상황입니다. 배터리 관련 전시회에 가보면 세계 곳곳에서 자기 나라에 전기차에 들어가는 배터리 공장을 지어 달라며 여러 가지 혜택을 내 걸고 홍보하는 모습도 쉽게 볼 수 있습니다. 이쯤 되면 전기차 시대의 숨은 주인공은 배터리라고 할 만합니다.

가성비냐 성능이냐,
희비가 엇갈리는 배터리 산업

　2010년대 후반만 해도 전기차에 들어가는 배터리 산업은 전세계적으로 우리나라 기업들이 많이 앞서가고 있었습니다. 삼성SDI와 LG에너지솔루션, 그리고 SK온으로 대표되는 배터리 3사가 전 세계에 공장을 두고 시장을 넓혀 갔었죠. 그러나 최근에는 중국의 CATL이나 BYD 같은 배터리 회사들에 추월을 당한 상황입니다.

LFP 배터리와 NCM 배터리 비교 자료(SNE리서치 보고서 참조)

상황이 역전이 된 배경에는 각 회사가 주력해서 개발하는 배터리가 서로 달랐기 때문입니다. 전기차가 보급되던 초창기에는 최대한 많은 거리를 갈 수 있는 충전 성능이 중요했습니다. 그래서 우리나라 회사들은 전해질인 리튬 이온을 최대한 간직할 수 있는 니켈-망간-코발트로 음극재를 구성하는 NCM(Nickel-Cobalt-Mangan) 전지를 주로 개발했습니다. NCM 배터리는 가격은 좀 비싸지만 한번 충전하면 400㎞ 이상을 갈 수 있습니다.

후발 주자로 시장에 들어온 중국 기업들은 다른 방향을 택합니다. 고성능 차에 들어가는 NCM 배터리도 만들지만, 아무래도 소득 수준이 우리보다 낮은 중국 사람들이 쉽게 전기차를 살 수 있도록 주행 거리는 짧지만, 더 저렴한 배터리가 더 필요했습니다. 그래서 양극재를 리튬 인산철(Li-FePO4)이라는 물질로 만드는 LFP 배터리 개발에 더 집중합니다. NCM 배터리와 비교하면 에너지 밀도는 떨어지지만, 가격은 그만큼 더 싸고, 화학적으로도 안정적입니다.

전기차가 주행 거리 경쟁을 할 때만 해도, 우리나라 배터리 회사들이 개발하던 NCM 배터리의 인기가 더 좋았습니다. 그런데 2020년대로 접어들면서 상황은 바뀌게 됩니다. 기술이 발달해서 배터리의 에너지 밀도가 높아지고, 전기차 전용 플랫폼을 보편화하면서 배터리를 넣을 수

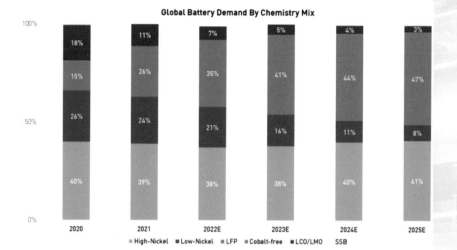

전 세계 전기차 배터리의 점유율 변화(블룸버그 리포트 참조)

있는 공간도 넓어졌습니다. 그러니까 LFP 배터리로도 차에 많이 넣으면 400㎞ 정도는 충분히 갈 수 있는 전기차를 만들 수 있게 되었습니다. 고급 전기차는 500㎞ 이상 가는 모델이 필요했지만, 사람들은 400㎞ 정도도 이전의 전기차와 비교하면 많이 발전해서 충분하다고 여기기 시작했습니다. 성능은 비슷한데 가격은 더 저렴한 모델들을 사람들이 더 선호하게 되면서 LFP 배터리의 수요가 늘어났습니다.

거기에 중국 내 전기차 판매량이 급증하면서 전 세계 전기차의 60% 이상이 중국에서 팔리게 됩니다. 규모의 경제를 이룬 중국 배터리 회사들은 더 싼 가격에 배터리를 공급할 수 있습니다. 덕분에 중국의 배터리 회사들, 특히 BYD와 CATL은 전 세계 점유율의 50% 이상을 차지하게 됩니다. 그 뒤를 우리나라 기업들이 5~13% 정도의 점유율로 쫓아가고 있습니다. 잘 나간다고 멈춰 있다가는 금방 뒤처져 버리는 건 어디나 마찬가지인가 봅니다.

" 토론거리

전기차 시대를 이끌어 가려면 비싸도 성능이 좋은 배터리에 집중해야 할까요, 아니면 대중화를 위해 가성비가 좋은 배터리를 쫓아가야 할까요?

3장.

전기차가
넘어야 할
숙제

1

아직은 너무
비싼 전기차

자동차는 돈 먹는 하마

자동차가 생활에 필수품인 것은 분명합니다. 이제는 웬만한 가정에 자가용 한 대쯤은 보유하는 시대죠. 우리나라도 2022년에 등록된 자동차 수가 2,300만대로 전체 인구의 거의 절반에 가깝습니다. 1980년대에는 우리나라의 한 가구당 자동차 평균 대수가 0.08대였습니다. 그 수치는 90년대에 0.3대를 거쳐서 2005년에는 0.97대, 지금은 1.1대 정도입니다. 그래서 가정마다 다들 차를 보유하고 있지만, 사실 차를 사고 유지하는 비용은 만만치 않습니다.

자동차 선택에서 경제성은 중요한 요소입니다.

일단 차 값을 내야 하겠죠. 가솔린 자동차라고 하면 보통 1cc당 15,000원 정도로 생각하면 됩니다. 1,000cc짜리 경차는 1,500만 원, 3,000cc짜리 대형차는 최소 4,000~5,000만 원은 줘야 구매할 수 있습니다. 어디 차 값만 있나요. 차를 사면서 등록세도 내야 하고, 사고가 나면 피해자도 구제하고 보상도 받을 수 있도록 자동차 보험도 의무적으로 가입해야 합니다. 매일 주행하면 기름도 주유해야 하니까 주유비도 들고, 시내에 나가면 주차비 내야 하고, 매년 윤활유도 갈아주고, 때 되면 소모품도 갈아 주는 유지 비용도 만만치 않습니다. 그러다 사고라도 나면 보험 처리한다고는 하지만 자기 부담금도 내야 합니다. 한마디로 자동차는 돈 먹는 하마입니다.

전기차 유지비가 저렴하다고 하던데……

그래서 자동차를 선택하는 제일 중요한 고려 대상 중 하나가 경제성입니다. 차는 크면 클수록 비싸고, 보험료나 수리비 등도 늘어날 수밖에 없습니다. 거기에 연비도 안 좋으니, 기름값도 많이 들겠죠. 이렇게 자동차를 살 때는 단순히 차 값뿐만 아니라 차를 보유하는 데 필요한 총비용이 얼마나 될지를 고려해야 합니다.

이렇게 어떤 제품을 구매하고 보유하는 데 드는 비용 전체를 총소유 비용, 영어로는 TCO(Total Cost of Ownership)라고 부릅니다. 자동차 회사에서 새로운 차를 출시할 때는 소비자가 부담을 느끼는 정도를 TCO로 고려해서 차의 판매 가격을 책정합니다. 예를 들어 볼까요?

현대자동차의 대표적인 모델인 쏘나타 하이브리드는 사실 제작 원가만 따지면 배터리도 들어가고, 모터도 추가되고, 구조도

차 값 뿐 아니라 유지하는 비용도 따져 봐야 합니다.

복잡해서 개발비까지 포함하면 차 한 대당 500만 원 이상 비용
이 더 들어 갑니다. 그렇지만 실제 가격은 일반 가솔린모델보다
300~400만 원만 차이를 둡니다. 왜냐하면 소비자가 최종적으로
내야 하는 비용인 TCO가 비슷해야 같은 기종 내에서 가격 경쟁
력이 있기 때문입니다.

계산하는 원리는 간단합니다. 유류비만 봤을 때 소비자가 한
해에 내는 유류비는 연평균 주행 거리를 평균 연비로 나눈 다

음 가솔린 평균 가격을 곱하면 구할 수 있습니다. 일반인이 차를 바꾸는 평균 주기가 5년 정도임을 고려하면, 1년에 1만 ㎞ 정도를 기준으로 기름값을 1,600원으로 시뮬레이션한 결과, 쏘나타 하이브리드를 타는 사람이 가솔린을 타는 사람보다 5년 동안 182만 원 정도 더 절약할 수 있는 것으로 나옵니다. 차 값이 300~400만 원 차이니까 2만 ㎞로 5년이면 드는 돈이 똑같아지는 시점이 옵니다. 그보다 더 많이 탈수록, 또 더 오래 탈수록 이득인 셈입니다.

그러면 전기차는 어떨까요? 현재 출시되고 있는 주요 차량의 가격을 비교해 보면 아이오닉이 투싼보다, GV70 전기차 모델이 가솔린모델보다 2천만 원 이상 더 비쌉니다. 대신에 충전하는 비용은 저렴합니다. 충전소마다 다르지만, 2만 원 정도 들어서 완전히 충전하면 400㎞ 정도 갈 수 있습니다. 연비 12㎞/ℓ 정도 되는 가솔린 자동차가 같은 거리를 가는데 6만 원 정도 드니까 거리당 비용은 전기차가 세 배나 저렴한 셈입니다. 그런데 차 값이 2천만 원이나 차이가 나니까 그 차이를 뽑으려면 20만 ㎞는 타야 합니다. 전국을 돌아다니는 영업 사원도 아닌 일반인이 비싼 전기차 값에서 본전을 찾는 일은 만만치 않습니다.

전기차를 사는 부담을 줄이기 위한 노력

그래도 환경을 생각하면 전기차를 사는 사람들이 덜 부담스럽게 느끼도록 재정적으로 도와주어야 하겠죠. 기본적으로 전기차는 친환경 차량으로 분류되면서 여러 가지 혜택을 받습니다. 차를 살 때 내야 하는 여러 종류의 세금들이 감면됩니다. 공항을 포함한 공영 주차장 요금도 50% 할인이 되고, 고속도로 통행료도 50%를 할인받을 수 있습니다. 서울 남산 1, 3호 터널을 지날 때 내는 혼잡 통행료도 면제받을 수 있습니다.

그중에서 제일 큰 혜택은 아무래도 전기차 부품 중에 제일 비싼 배터리에 보조금을 주는 제도입니다. 환경부는 전기차를 사는 사람들에게 세금으로 지원해 줍니다. 거기에 지역마다 다르지만, 각 지자체에서 추가하는 보조금을 포함하면 2022년에 800만 원에서 1,900만 원에 달하는 지원을 받을 수 있습니다. 무작정 돈을 주는 건 아니고, 전기차에 들어가는 배터리의 일정 지분을 정부가 사는 방식입니다. 그래서 폐차할 때는 배터리를 다시 반납해야 하는 조건이지만, 소비자 입장에서는 전기차를 구매할 때 한꺼번에 내야 하는 비싼 차 값 부담을 덜 수 있습니다.

서울특별시	200만원
부산광역시	350만원
대구광역시	400만원
인천광역시	360만원
광주광역시	400만원
대전광역시	500만원
울산광역시	350만원
세종특별자치시	200만원
경기도	300만~500만원
강원도	440만원
충청북도	700만원
충청남도	700만~800만원
전라북도	800만원
전라남도	620만~950만원
경상북도	600만~1100만원
경상남도	600만~800만원
제주특별자치도	400만원

2022년 지자체별 전기승용차 전기차 구매(지방비)보조금 실태(환경부 자료)

문제는 전기차 보급률이 늘어나면서 이런 보조금을 무작정 계속 줄 수는 없다는 점입니다. 정부 예산은 해마다 늘어나지만 그만큼 전기차를 사는 사람들도 늘어나다 보니 제한된 예산으로 는 전기차 구매자에게 줄 수 있는 혜택은 해마다 줄어들 수밖에 없습니다. 지방 자치 단체가 주는 보조금도 상황은 마찬가지여서

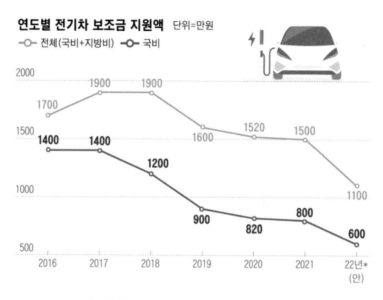

연도별 전기차 보조금 지원액 추이(환경부 자료)

서울이나 세종시 같은 전기차 구매가 많은 도시에서는 보조금을 다른 지역만큼 지원을 못 해 주는 경우도 생깁니다.

그래서 해마다 전체 보조금 규모는 늘지만, 한 사람이 받는 전기차 보조금은 줄어들고 있습니다. 2018년도에 전국 평균 1,900만 원에 달했던 보조금이 2022년에는 1,100만 원으로 줄어들었고 앞으로 더 줄어들 예정입니다. 실제로 우리보다 더 빨리 전기차 보급이 이루어져서 2022년에 전기차가 25%나 팔렸던 중국은 2023년 들어 국비 보조금 제도를 폐지했습니다. 그리고 사라진 보조금 때문에 상대적으로 갑자기 비싸진 전기차의 판매가 급감하는 모습을 보였습니다.

가격이 더 내려가야 합니다

비싸도 전기차를 선택하면 환경에도 도움이 되어 좋겠지만, 정작 차를 사는 시점이 되면 각자의 주머니 사정이 우선입니다. 가격이 비싸면 아무래도 쉽게 권하기가 어렵습니다. 전기차를 정말 보급해야 한다면 전기차의 가격을, 그중에서도 가장 비싼 배터리의 가격을 낮추려는 노력이 필요합니다. 다행히 기술의 발전으로 전기 배터리의 수요가 늘면서 규모의 경제를 이루어서 대량생산 체계가 갖추어져서 같은 kWh당 배터리의 가격은 해가 갈수록 낮아지고 있습니다. 2025년도쯤이 되면 1kWh 당 100달러 수준으로 낮아질 거라고 예상합니다.

반대로 엔진은 해가 갈수록 배기가스 규제가 더 엄격해지면서 이를 정화하는 후처리 장치를 추가해야 합니다. 갈수록 더 비싸질 일만 남은 셈입니다. 그래서 가까운 미래에는 전기차의 가

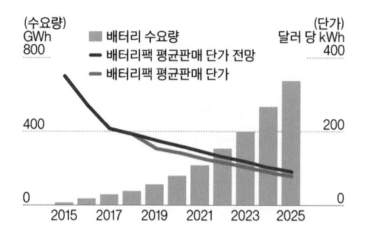

전기차 배터리의 수요량과 평균 판매 단가 추이(삼성 증권 자료 참조)

격과 내연기관 자동차의 가격이 역전될 것이라는 전망도 있습니다. 그렇게 되면 사람들은 지금보다 더 쉽게 전기차를 선택하게될 것입니다. 사람들을 실제로 움직이는 건 결국 명분이 아니라이익이니까요. 변화를 원한다면 무엇이 사람들을 움직이는지를잘 파악하는 것이 중요합니다.

2

전기차,
위험하지는 않나요?

한번 불나면 엄청 위험하다던데……

TV에서 전기차 화재에 대한 뉴스가 나옵니다. "전기차는 불이 나면, 에너지 밀도가 높아서 소화기로도 잘 꺼지지 않습니다." 시뻘건 화염을 내 뿜으면서 타고 있는 전기차 잔해를 보면서 사람들은 생각합니다. "어휴, 전기차 샀다가 불이라도 나면……."

전기차 배터리에는 그 무거운 차로 이동할 정도의 큰 에너지가 들어가 있으니까 한번 불이 나면 쉽게 꺼지지 않는 건 사실입니다. 간혹 전기차 화재에 관련된 뉴스를 보면 다 타고 잔해만 남

차에 불이 나면 아찔합니다.

은 사진도 종종 볼 수 있고, 주차해 놓은 차에서 불이 났다는 기사도 가끔 접합니다. 사람들이 전기차 구매를 주저하는 두 번째 이유는 위험하진 않을까 하는 걱정 때문입니다. 그러면 실제 전기차와 엔진 차 중에 어느 쪽이 더 안전할까요?

연소가 일어나는 엔진이 더 뜨겁습니다

엔진으로 운행되는 자동차도 움직이는 데 필요한 에너지가 가득

뜨거운 에너지를 끊임없이 내뿜는 자동차 엔진

찬 곳이 있습니다. 바로 연료 탱크죠. 불길이 조금 닿아도 폭발하
는 가솔린 연료가 가득 차 있습니다. 사실 화재의 위험이라고 하
면 폭발의 가능성이 있는 유류 물질을 가득 싣고 다니면서 1분에
도 천 번 이상 폭발을 만들어 내면서 뜨거운 배기가스를 내놓는
엔진 자동차가 불이 날 수 있는 조건에 더 가깝습니다.

실제로 우리나라에서 2017년부터 2022년까지 등록된 가솔
린, 디젤, LPG 차량은 약 200만 대인데 그 중 화재가 발생한 차

량은 3만 대 정도로 1.5%의 비율로 발생했습니다. 같은 기간 전기차는 36만 대 공급 되었는데, 실제 화재가 발생한 차는 100대가 안 된다고 합니다. 내연기관차의 화재 발생 비율이 전기차의 50배를 넘는 셈입니다.

구조적으로 보면 엔진은 정교한 제어가 필요한 기계로 화재에 취약할 수밖에 없습니다. 연소실에서 연료가 타면서 나오는 배기가스 온도는 400~500도를 훌쩍 넘기 때문에 배기관 주변에 인화성 물질이 닿으면 금세 불이 붙을 수 있습니다. 빠른 속도로 회전하는 피스톤과 크랭크축을 원활하게 냉각시키려면 엔진 오일이 충분히 있어야 하는데, 만약 새거나 보충을 제때 해주지 않아서 부족해지면 바로 눌어붙으면서 마찰에 의한 화재가 일어납니다.

배기 가스 중에 섞여 나와서 배기관에 쌓이는 분진도 위험합니다. 그러다가 배기관이 막히게 되면 엔진이 과열되면서 화재가 일어나기도 하죠. 최근에 뉴스에 많이 나오는 고속 주행 중에 갑자기 엔진 룸에서 불이 나는 많은 경우는, 터보차저라든가 EGR이라고 하는 배기가스를 사용하는 장비들에 분진들이 쌓이면서 정상적인 작동을 하지 못해 일어나는 것입니다.

터보차저(왼쪽)와 그을음에 꽉 막힌 EGR 부품(오른쪽)

이렇듯 달리면서 계속 폭발하고 고열을 내는 엔진에 비해 전기차의 모터는 단순합니다. 연소 과정이 없으니 뜨거운 배기가스도, 과열되는 냉각수도 없습니다. 배기관을 통해 나오는 분진도 없고, 직선 운동을 회전 운동으로 바꿔 줄 필요도 없어서 분당 1만 rpm까지 돌려도 문제 될 것이 없습니다. 달리는 과정에서 발생하는 열도 너무 작아서 오히려 열을 모아서 배터리를 따뜻하게 해 주는 데 활용합니다. 화재에 있어서는 엔진보다는 훨씬 덜 위험한 편입니다.

에너지로 가득 찬 배터리가 문제야

대신 전기차에는 배터리가 있습니다. 내연기관차의 연료 탱크처럼 에너지로 가득 차 있지만, 불꽃이 있어야 폭발이 일어나는 연료에 비해서 배터리는 음극과 양극으로 구성된 셀들이 촘촘히 모여 있는 구조라서 강한 충격을 받으면 합선이 일어나면서 화재가 발생할 위험이 있습니다. 실제로 지난 5년간 발행한 전기차 화재 중 20% 정도는 교통사고로 인한 충격으로 배터리가 손상이 나면서 발생한 사례라고 합니다.

배터리 내에 셀이 손상되면 건전지가 부풀어 오르듯이 내부 압력이 상승하고, 음극과 양극을 분리해 주는 분리막이 손상됩니다. 그러면 배터리 내부에서 단락이 진행되면서 열폭주가 일어나고 점화가 되죠. 화재로 한 셀의 온도가 올라가면 인접 셀에 전이되고, 곧 시스템 전체로 진행하는 것이 일반적입니다. 배터리 화재 발생 시에는 전해질과 양극재 내에서 화학적으로 산소가 자체 발생하기 때문에 그냥 방화 천으로 덮어 둔다고 해도 진화가 어려운 폭발적인 화재로 번지게 될 가능성도 있습니다.

전기차를 충전하는 과정도 유의해야 합니다. 특히 빠른 속도로 충전하는 급속 충전기의 경우에 한꺼번에 400~800V의 높은 고전압이 케이블을 통해 전달됩니다. 이럴 때 충전단자가 제대로 접촉되지 않으면, 단자 부근에 열이 발생하면서 충전기 케이블

충전기를 통해 전기차 충전하는 장면

주변에서 화재가 일어나기도 합니다.

전기차를 더 안전하게 만들기 위한 노력

이런 배터리 열폭주를 방지하기 위해서 배터리 제조사와 자동차 회사들 모두 다양한 연구를 진행하고 있습니다. 기본적으로 배터리 내부에 배터리 시스템을 관리하는 BMS(Battery Management System)는 배터리 전체의 과충전, 과방전을 막고, 높은 전류가 흐르고 열이 발생하면 해당 셀을 폐쇄하는 보호 기능을 수행합니다. 배터리 내부의 온도를 지속해서 관찰해서 비정상적인 열이 발생해도 바로 차단하는 기능도 있습니다.

작은 셀의 고장으로 열이 발생하더라도 분리막이 버텨주면, 양극과 음극이 직접 닿는 합선은 막을 수 있겠죠. 그래서 음극과 양극을 분리하는 분리막은 더 뜨거운 온도에서도 잘 버티도록 내구성을 강화하는 재질을 사용합니다. 양극과 음극재에도 내열 코팅을 추가하고, 사이에 있는 전해질 자체를 불에 타지 않는 재질로 변경해서 작은 고장에도 전체 시스템 화재로 번지지 않도록 하는 기술 개발이 이루어지고 있습니다.

또한 열확산 방지를 위한 연구도 활발히 진행 중입니다. 1,000도 이상의 고열 고압도 버티는 재질로 배터리를 싸면 불이 나도 차량 전체로는 열이 번지지 않을 수 있습니다. 탱크나 전투기 같은 군용 장비에 쓰이는 재질들을 활용해서 불이 나도 번지지 않도록 하는 기술들이 하나둘 전기차에 적용되고 있습니다.

전기차도 배터리를 더 안전하게 보호하기 위한 방향으로 진화합니다. 바닥으로 모듈을 모으고 앞뒤와 옆에 구조물을 설치해

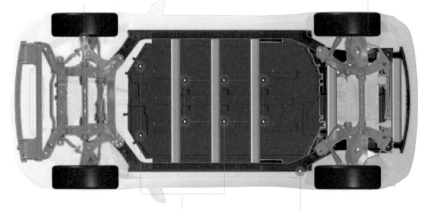

전방 충돌 구조
**충격 완화 및 탑승객과
배터리 피해 최소화**

후방 충돌 구조
충격 흡수

배터리 관통 볼트 체결 구조 (전방 2점, 중간 6점)
배터리와 차체 결합 강성 강화

배터리 보호 구조
측면 충돌 시 배터리 보호

현대자동차 E-GMP 전기차 플랫폼의 배터리 보호 구조

서 외부 충격에 손상을 입지 않도록 보호합니다. 모듈들도 넓게 펼쳐서 열이 발생해도 주변으로 잘 전파되지 않도록 배치하고 있습니다. 그뿐 아니라 배터리와 탑승객이 타고 있는 영역을 철저히 분리해서 화재가 발생해도 일정 시간 이내에는 유해 가스가 실내로 유입되지 않도록 밀폐하는 기능도 갖추도록 설계합니다.

실제로 전기차를 판매하려면, 배터리 셀의 안전을 검사받아

배터리 안전 인증 시험 장면(삼성SDI 사이트 참조)

서 안전을 인증받아야 합니다. 그래서 배터리 셀 위에 1톤짜리 하중을 주어도 구조가 유지되도록 하고, 아예 못을 박아도 화재가 발생하지 않도록 안전하게 설계되어야 합니다. 거기에 충전하는 과정에서 조금이라도 열이 발생하면 전기차에서 알아서 충전 기능을 차단하는 기능까지 요즘은 기본으로 장착되어 있습니다.

무거운 자동차를 움직이게 하려면 배터리든 연료탱크든 큰 에너지를 가지고 이동할 수밖에 없습니다. 그래서 자동차는 화재의 위험에 늘 노출되어 있지만, 실제 주행하는 동안의 과정을 보면 전기차가 엔진보다는 화재 위험이 낮은 것이 사실입니다. 그리고 고장이나 사고로 불이 나더라도 더 이상 전파되지 않도록 하는 기술들이 속속 개발되고 있습니다. 뉴스에서 보이는 큰 화재들이 점점 줄어들어서 전기차가 위험하다는 편견도 가까운 미래에는 사라지기를 기대해 봅니다.

전기차 화재를
피하려면

전기차에는 엔진도 없고 배기가스도 없습니다. 뜨거워서 불이 날 수 있는 건 배터리밖에 없으니까, 배터리만 잘 관리해 주면 됩니다. 배터리에서 불이 날 만큼 부담이 되는 상황을 피하기만 하면 화재가 일어나지 않도록 관리할 수 있습니다.

실제로 전기차에서 발생하는 화재들을 분석해 보면 달리는 도중에 발생하는 경우는 드뭅니다. 달리는 중에는 에너지가 배터리에서 나가는 과정이다 보니 오히려 안전합니다. 반대로 에너지가 배터리에 들어오는 구간, 특히 빠른 속도로 충전하는 급속 충전 과정에서는 배터리 내부에 많은 열이 발생합니다. 그래서 주차장에 충전 중인 전기차 중에는 충전하다 말고 갑자기 선풍기 같은 팬이 돌면서 알아서 냉각해 주는 차들도 있습니다. 전기가 들어오고 있으니까 시동은 꺼졌지만, 차를 시스템이 알아서 깨운 다음 충전이 잘 되고 있는지 모니터링하면서 혹시 가열되면 식혀 주도록 설계가 되어 있는 겁니다. 그러니 일반적인 충전에서는 불이 날 일이 거의 없습니다.

문제는 늘 비정상적인 상황에서 일어납니다. 충전단자가 제대로 연결되어 있지 않아서 불완전한 접점에 200~500V의 높은 전압이 들어오면, 그 접점에서 열이 발생하면서 화재가 발생할 수 있습니다. 그리고 충전이 다 된 상태인데도 전원이 차단되지 않고 계속 에너지가 들어오면 배터리가 과충전되면서 화재가 발생하기도 합니다. 그래서 전기차를 충전할 때는 충전단자가 제대로 연결되었는지 꼭 확인하는 것이 중요합니다. 그래야 충전도 잘되고 전기차와 충전기가 서로 통신도 잘해서 충전이 완료되면 전원을 차단할 수 있습니다.

되도록 충전기를 꽂고 1~2분 정도는 정상적으로 통신하고 충전되는지 확인한 이후에 이동하길 권합니다. 충전 완료 예정 시간에 맞추어 차로 돌아와서 연결을 해제하면 더 안전하겠죠. 요즘은 인터넷으로 어느 충전기가 언제 충전이 끝나는지 확인해 주는 스마트폰 앱도 있습니다. 그리고 연결이 제대로 되지 않고 충전단자에 열이 발생하면 자동으로 충전을 차단하는 기능도 개발되어 있어 안심이 됩니다.

주행 중에 화재는 보통 사고로 인해 이물질이 삽입되어서 내부에 합선이 되는 경우입니다. 이런 경우에 하나의 셀에서 나오는 열이 되도록 다

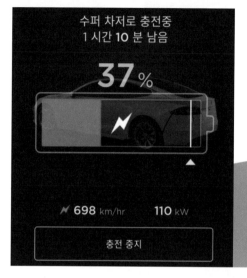

테슬라 슈퍼차저와 모두의 충전 애플리케이션

른 셀이나 모듈로 전파되지 않도록 설계되어 있긴 하지만, 도로 위라 위험할 수 있습니다. 배터리 내부 온도가 상승하거나 화재 시에 발생하는 수소 가스를 진단하면 전기차는 안전을 위해 해당 모듈로의 전원 공급 및 전류의 흐름을 차단합니다. 만약 전기차가 사고를 당했다면 지정 사업소에서 제대로 정비를 받아서 배터리 쪽으로 영향을 받은 부분이 없는지 명확히 확인해야 합니다.

일단 불이 나고 나면, 가솔린처럼 폭발이 일어나지는 않지만 높은 에너지가 들어 있다 보니 진압이 수월하게 되지는 않습니다. 온도도 화학 반응으로 일반 화재보다 높고, 특히 대부분의 아파트에 충전기는 지하 주차장에 설치되어 있기 때문에 추가 피해로 이어질 수 있습니다. 이를 막기 위해서 전기차의 시동을 끄고 나서도 계속 상태를 모니터링하면서 혹시나 온도가 올라가서 화재의 위험이 보이면 바로 운전자와 자동차 회사에 알려주는 기능도 일반화되고 있습니다. 국토교통부에서는 전기차 충전기 설치 위치부터 화재 발생 시 어떻게 대응해야 하는지 매뉴얼을 공지해서 안전하게 대피할 방법을 알려 주고 있습니다. 무엇보다도 일단 온도 상승이 감지되면 전원을 차단하고 최대한 안전한 곳으로 빨리 대피하는 것이 중요합니다.

충전하기가
이렇게 힘들어서야

방전될까 봐 조마조마한 전기차

10여 년 전에 제주도로 가족 여행을 가서 호기롭게 전기차를 빌려서 타던 중이었어요. 추운 겨울 한라산 구경을 마치고 숙소로 돌아가는데 숙소까지의 거리는 30㎞ 정도였고, 전기차의 남은 배터리로 주행할 수 있는 거리는 40㎞ 정도라서 충분하다고 생각했었습니다. 그런데 히터를 켰더니 주행 가능 거리가 갑자기 20㎞로 줄어드는 겁니다. 그때만 해도 숙소까지 돌아가야 충전할 수 있었는데 도중에 멈추면 어떡할지 걱정하면서 히터도 켜지 못하고 불안해하며 돌아왔던 기억이 납니다.

추운 겨울 길을 히터 없이 달리는 건 너무 힘들었습니다.

　　전기차 구매를 망설이는 가장 큰 이유 중에 하나가 충전이 불편하다는 점입니다. 어디서든 쉽게 주유소를 찾을 수 있는 내연기관차에 비해 전기차 충전소는 아직 충분하지 않습니다. 또한 충전하는 시간도 오래 걸립니다. 주유소에 들어가면 길어도 5분이면 가득 채우지만, 전기차는 빠른 급속 충전이라도 20~30분은 족히 걸립니다. 완속 충전은 4~5시간이 걸려도 다 채우기 어렵습니다. 가솔린은 가득 채우면 적어도 500㎞, 그러니까 서울에서 부산까지는 충분히 갑니다. 연비가 좋은 차는 왕복도 가능하죠. 그러나 전기차는 최근에 많이 좋아졌다고 해도 완전히 충전하고 400㎞ 정도 밖에 못 갑니다. 서울에서 부산까지 가려면 도중에 한번은 휴게소에 들러 충전하고 가야 마음이 편할 겁니다.

거기에 전기차는 동력원이 배터리밖에 없으니, 에어컨이나 히터 같은 자동차 안에 전기 장치를 사용할수록 주행할 수 있는 거리는 확 줄어듭니다. 내연기관차도 연비가 떨어지는 건 마찬가지지만 기름은 쉽게 주유하면 되니까 문제가 될 것이 없지만, 전기차는 상황이 다르죠. 특히 추운 날씨에는 배터리 자체의 성능도 떨어져서 주행 거리가 정상적인 상황보다 10% 이상 줄어듭니다. 스마트폰 배터리가 다 닳을까 봐 조마조마한 마음이 길 위를 달리는 자동차라면 몇 배는 더할 겁니다.

일단 충전하기 편하게 만들어 봅시다

이런 불편을 해소하려면 일단 쉽게 충전소를 이용할 수 있게 해야 합니다. 미국이나 유럽 같은 국가들은 주로 주택에서 거주하다 보니, 가정용 충전기를 집에 설치합니다. 하지만 아파트에서 사는 사람이 많은 우리나라에서는 개인별 충전기는 활용하기가 쉽지 않습니다. 그래서 2022년도부터 공공 주택 관리법이 바뀌어서 전기차 충전시설을 전체 주차 면적의 최소 2% 이상을 의무적으로 설치하도록 했습니다. 주변을 보면 아파트에 갑자기 충전기를 추가로 설치하고, 새로 지은 아파트에서는 전기차 충전기를 이전보다 훨씬 더 쉽게 찾을 수 있습니다.

SK에서 개업한 에너지 슈퍼스테이션(SK 홈페이지 참조)

주유소도 바뀝니다. 기름만 채우던 주유소 한쪽에 전기차 충전시설들이 들어서기 시작했습니다. 조만간 주유소 대부분에서 전기차 충전도 할 수 있는 시대가 오고 있습니다. 충전하는 시간 동안에 간단한 식사나 쇼핑을 즐길 수 있는 형태로 주유소의 모습도 조금씩 달라질 겁니다.

충전하는 데 걸리는 시간도 더 줄어듭니다. 기존의 급속 충전기가 400V 전압으로 400㎞ 정도 가는 양을 충전하는데 30분 정도 걸렸다면 요즘은 800V까지 전압을 높였습니다. 그래서 테슬라의 슈퍼차저나 현대자동차의 E-PIT 같은 전용 충전기에서는 절반 정도인 15분 정도만 충전하면 충분한 거리를 갈 수 있습니다. 그리고 스마트폰 애플리케이션으로 어디 충전소가 비어 있고, 내 차는 언제 쓸 수 있으며, 그 충전소로 가려면 어떻게 가야 하는지와 같은 정보들을 쉽게 찾을 수 있습니다. 예약도 가능하고 결제도 바로 되어 간편해졌습니다.

한번 충전해도 더 멀리 갈수 있도록

충전 시간이 빨라져도 여러 번 자주 충전해야 한다면 불편한 건 여전하겠죠. 그래서 전기차도 한번 충전으로 더 멀리 갈 수 있도록 진화 중입니다. 전기차가 처음 출시되었던 때만 해도 200㎞ 정도가 가능했었는데, 배터리 기술이 발달하면서 같은 부피에 더 많은 에너지를 넣을 수 있는 새로운 소재 개발이 이루어졌습니다. 또 전기차 전용 플랫폼이 보편화되면서 더 많은 공간에 배터리를 넣을 수 있게 되었습니다. 그래서 충전하면 지금은 500㎞ 이상 주행하는 차들이 속속 출시되고 있습니다.

내연기관 자동차에서 연비를 개선했다면 전기차는 전비를 개선하기 위한 기술들도 늘어났습니다. 첫째는 하이브리드 차량에서부터 활용되었던 회생 제동입니다. 운전자가 가속 페달에서 발을 떼거나 브레이크 페달을 밟았을 때 작동하는데, 일반 차량과 달리 가벼운 브레이크에도 전기차는 물리적인 제동 없이 모터를 발전기로 사용하면서 회생 제동을 최대치로 올려서 최대한 전기를 생산하면서 감속합니다. 달리면서도 더 달리기 위한 전기를 스스로 충전하는 셈입니다. 가벼워야 더 멀리 갈 수 있으니 차체를 가볍게 알루미늄으로 바꾸기도 합니다.

추위에도 성능을 유지하는 기술도 개발 중입니다. 사실 아이폰같이 리튬 이온 배터리를 사용하는 모든 전자 제품들은 추위에 취약합니다. 리튬 이온 배터리의 충·방전은 양극과 음극 사이의 리튬 이온의 이동을 통해 이루어지는데 추운 겨울엔 이온의 이동 속도가 줄어들어서 에너지 효율성이 낮아지면서 차가운 주행 초반엔 에너지 소모량이 더 늘어날 수밖에 없습니다. 거기에 겨울철에 필요한 히터도 겨울철 전기차 주행 거리를 잡아먹는 큰 요인이 됩니다.

이런 겨울철 약점을 보완하기 위해서 차에서 발생하는 열을 최대한 활용해서 배터리를 따뜻하게 유지해 주고 필요한 실내 난방에도 사용하는 배터리 난방 펌프 시스템이 개발되었습니다. 이를 적용한 현대자동차 코나 일렉트릭의 경우에는 노르웨이에서

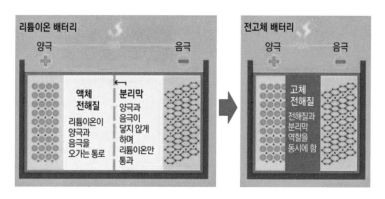

전고체 배터리의 구조(삼성SDI 자료 참조)

진행된 혹한기 주행 거리 변동 비교 실험에서 다른 메이커들의 결과를 압도하는 성능을 보였습니다. 최근에 출시하는 테슬라 모델 Y와 모델 3 신형 모델에도 이런 시스템이 들어간다고 합니다.

궁극적으로는 추위에 영향을 받지 않고 전기적 성능을 유지할 수 있는 차세대 배터리도 개발 중입니다. 기존의 리튬이온 배터리는 양극과 음극 사이에 접촉을 방지하는 분리막이 위치하고 액체 전해질이 양극, 음극, 분리막과 함께 있지만, 새롭게 개발되는 전고체 배터리는 액체 전해질 대신 고체 전해질이 포함되면서 고체 전해질이 분리막의 역할까지 대신하고 있습니다. 기존 액체 전해질은 온도 변화로 인한 배터리의 팽창이나 외부 충격에 의한 누액 등 배터리 손상 위험성이 있어서 안전장치가 많이 필요합니

2023년 인터배터리 박람회에 소개된
삼성SDI의 전고체 배터리

다. 반면 전고체 배터리는 구조적으로 단단하고 안정적이어서 관련된 부품들을 줄이고 더 간결하게 설계할 수 있습니다. 음극과 양극 간의 간격이 짧아지면서 전고체 배터리는 추위에도 성능 저하가 거의 없습니다. 그리고 부피가 반 정도로 줄어들어서 자동차의 같은 공간에 넣을 수 있는 셀의 수가 그만큼 더 늘어나게 됩니다. 즉 한번 충전하면 갈 수 있는 거리가 지금의 500㎞에서 두 배 가까이 늘어날 수 있다는 뜻입니다. 전고체 배터리 기술을 선도하고 있는 삼성SDI는 2027년에는 양산하겠다는 계획을 발표했습니다.

이렇듯 집에서도, 주차장마다 전기차 충전기를 쉽게 찾을 수 있고, 주변의 주유소에서도 충전이 가능해집니다. 한번 충전하는 데 15분이면 가능하고, 한번 충전하면 서울에서 부산까지는 너끈히 갈 수 있게 될 겁니다. 그러면 전기차는 충전이 불편해서 싫다던 사람들도 생각을 다르게 할 날이 얼마 남지 않았습니다.

충전 속도 따라, 나라마다 다른 전기차 충전기

전기차가 주행하려면 충전기가 꼭 필요하겠죠? 스마트폰 충전기도 제조사마다 규격과 형태가 다르듯이 전기차의 충전기도 충전량, 충전구의 규격에 따라서 다양한 종류가 있습니다.

일단 전기차 충전기는 충전량에 따라 완속 충전기와 급속 충전기로 분류됩니다. 우리 주변에서 가장 흔하게 볼 수 있는 충전기는 완속 충전기입니다. 전기차에 들어가는 배터리는 건전지 같은 직류 전지라서 스마트폰을 충전할 때 충전기에서 5V로 전환하듯이 일반 220V 교류 전원을 직류로 바꾸어 주는 과정이 필요합니다. 완속 충전기는 220V나 380V 교류 전력을 그대로 전기차에 공급하고, 전기차 내의 온보드 차저(OBC, On Board Charger)라는 장치에서 직류로 변환해서 배터리를 충전합니다. 보통 7~12kWH 정도의 용량이기 때문에 50kWH 정도의 전기차를 충전하기 위해서는 6시간 이상이 필요합니다.

전기차에 들어가 있는 온보드 차저

급속 충전기는 충전기에서 배터리로 직접 직류(DC) 전력을 공급해 충전하는 방식입니다. 국내에서는 50kW급 성능의 급속 충전기를 주로 사용하지만, 최근에는 800V까지 전압을 높여서 100kW급 이상의 초고속 충전기의 수요도 늘고 있습니다. 차마다 다르지만 급속 충전의 경우 완전 방전상태에서 80% 충전까지 일반적으로 30분 이내의 시간이 소요됩니다.

전기차 충전구에는 완속 충전기와 급속 충전단자, 그리고 전기차와 충전기 사이에서 통신하는 신호선이 구성되어 있습니다. 서로 짝이 맞

현대자동차에서 선보인 초고속 충전기 - 하이 차저

아야 충전할 수 있겠죠? 전기차를 개발하는 나라마다 자기 나라 고유의 방식을 고집하다 보니까, 유럽·일본·중국·미국 등 모두 서로 조금씩 충전구의 형태가 다릅니다. 우리나라는 미국의 규격을 그대로 따라가고 있어서 유럽에서 파는 차를 한국에 그대도 들여오면, 맞는 충전기를 찾을 수 없습니다. 지역별로 일종의 전기차 진입을 막는 장벽으로 작용하는 셈입니다.

변수는 테슬라입니다. 테슬라는 슈퍼차저라는 자체 브랜드 충전기 사업에 본격적으로 나서면서 전기차 생태계를 주도하고 있습니다. 실제 미국의 충전 인프라의 60%는 테슬라의 슈퍼차저라고 합니다. 그래서 얼마 전 미국에 차를 파는 GM, 포드, 폭스바겐 같은 유수의 자동차 회사들

구분	미국·한국	유럽	일본	중국	테슬라(미국)
완속 (AC)	타입1(J1772)	타입2(Mennekes)	타입1(J1772)	GB/T	NACS (North American Charging Standard)
급속 (DC)	콤보(CCS1)	콤보(CCS2)	차데모(CHAdeMO)	GB/T	

지역별 전기차 충전 규격(한국 자동차연구원 자료 참조)

이 테슬라의 충전 규격을 기본으로 정하겠다고 선언하고 있습니다. 마치 얼마 전 애플이 아이폰 15를 내놓으면서 충전단자를 USB-C 타입으로 바꾸었던 것과 비슷하죠? 미래의 전기차 시장에서 누가 충전기 주도권을 가지게 될지는 누가 더 빠르고 편한 충전기를 많이 설치하고 운영하는지에 달려 있습니다.

"토론거리

전기차 충전 규격을 통합하면 다른 나라의 전기차도 바로 수입할 수 있는 대신 국내산 전기차 시장은 위협을 받을 수 있습니다. 전 세계 규격을 통일해야 할까요? 아니면 우리나라만의 규격이 있어야 할까요?

4장.

전기차가
진짜 친환경적
일까요?

1

길 위에서 내보내는
배기가스가 다가 아니래요

보이는 것이 다가 아닙니다

몇 년 전에 스타벅스에서는 환경을 보호한다며 적극적으로 다회용 컵을 도입한 적이 있습니다. 녹색의 로고처럼 친환경 이미지를 얻어 더 많은 사람이 찾았지만, 실상은 달랐습니다. 사실 다회용 컵의 소재는 일회용 포장재로 사용하는 플라스틱과 같은 재질이었는데, 내구성을 확보하기 위해서 일회용 컵보다 네 배가량 더 무거웠습니다. 이렇게 더 많은 플라스틱 재질을 쓰다 보니 전체 온실가스 배출량을 따져 보면 환경 보호 효과가 거의 없는 것으로 드러났습니다.

스타벅스 다회용 커피잔-친환경이라는 이미지도 허울뿐일 수 있습니다.

이런 듯 기업이 제품의 생산 과정에서 유발되는 환경 오염은 숨긴 채 제품의 장점만을 홍보하거나, 소비자들을 속이기 쉽도록 친환경 마크를 달아 판매하는 행위를 그린 워싱(Green Washing)이라고 합니다. 환경을 뜻하는 그린(Green)과 세탁을 뜻하는 화이트 워싱(White Washing)을 합친 단어로, 기업이나 단체에서 경제적 이익을 위해 전혀 친환경적이지 않은 제품을 친환경 제품이라고 위장하여 홍보하거나 소비자를 기만하는 행위를 말합니다.

그럼 자동차는 어떨까요? 흔히들 전기차는 내연기관차보다 친환경적이라고 알려져 있습니다. 확실히 달리는 도로 위에서는 배기가스도 없고 이동 중에는 연료를 태우지도 않으니까, 내연기관차보다 CO_2는 적게 나올 수 있습니다. 그러나 차량의 제작부터 폐차까지 모든 주기를 고려하면 이야기는 달라집니다.

만드는데 에너지가 더 필요합니다

기본적으로 자동차를 만드는 데는 많은 에너지가 소모됩니다. 재료가 되는 철 광물을 캐내고 제철소에서 제련하는데 전기가 엄청나게 들죠. 무거운 부품들을 만들고, 옮기고, 조립하는 모든 과정에는 에너지가 소모되고, 그만큼 많은 이산화탄소를 배출합니다.

자동차를 만드는 에너지 관점에서 보면, 자동차 중에서도 친환경적이라고 알려진 전기차가 일반 내연기관 자동차보다 더 많은 에너지를 필요로 합니다. 주로 배터리 제조 과정에서 발생하는데 재충전이 가능한 리튬 이온 전지를 만들기 위해 배터리 제작에 필요한 코발트와 리튬 등의 원자재를 채취하기 위해 광산을 개발하는 과정에서 1차적으로 환경이 많이 파괴됩니다.

늘어나는 전기차 수요에 환경을 파괴하는 광산 개발도 늘어나고 있습니다.

그렇게 캐낸 광물들로 배터리를 만드는 과정에도 환경은 파괴됩니다. 배터리에 사용되는 니켈, 망간, 코발트, 리튬, 흑연 같은 재료들의 채굴과 정제 과정에서 상당량의 온실가스가 배출됩니다. 또, 양극과 음극 제작 과정에는 엄청 뜨거운 온도로 제련 과정을 거쳐야 합니다. 그리고 500㎏에 육박하는 배터리 자체를 제작하고, 운송하고, 자동차 공장에서 생성하는 과정마다 추가적인 이산화탄소가 많이 발생할 수밖에 없습니다.

전기차 밸류체인 탄소발자국 종합				
생산 단계		사용 단계		
차체	배터리	연료/전기	차량배출	LCA Total
전기차 5.7톤(34%)	5.3톤(31%)	6톤(35%)	0톤(0%)	17톤
내연기관차 6.9톤(18%)	0톤(0%)	7.1톤(38%)	24.8톤(64%)	38.8톤

운행되기 전까지 발생하는 이산화탄소는 전기차가 더 큽니다.

포스코에서 발표한 보고서를 보면, 동급의 전기차와 내연기관차를 비교했을 때, 원자재를 채취하고, 운송하고, 제조하는 동안 발생하는 이산화탄소량이 내연기관은 7만 톤 정도지만, 전기차는 배터리 5톤을 포함해서 11만 톤으로 60% 이상 더 많습니다. 물론 주행 중에 발생하는 이산화탄소량은 현저히 적기 때문에 자동차가 만들어져서 폐기되는 전 생애를 두고 보면 전기차가 더 친환경적이지만, 만약 주행 거리가 짧다면 전기차가 오히려 이산화탄소를 더 많이 배출하는 셈이 됩니다.

재사용하고 재활용하면 줄일 수 있습니다

기후 위기가 심각해지는 요즘, 전기차가 진짜 미래에 필요한 친

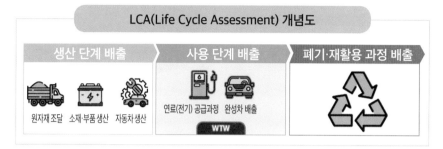

자동차 전 과정 평가 개념도

환경적인 차량으로 거듭나려면 이렇듯 원자재를 조달하고, 생산하고, 운행된 이후에 폐기되는 모든 단계에서 발생하는 CO_2 양을 줄이는 노력이 필요합니다. 흔히 복지 정책에 관한 이야기를 할 때 "요람에서 무덤까지"라는 말이 있죠? 자동차도 "광산에서 폐차장까지"라는 말로 원자재를 조달하고, 소재와 부품을 생산하고, 이를 모아서 자동차로 만드는 과정뿐 아니라 소비자에게 전달되어 운행해서 수명이 다해 폐기되고, 재활용되는 자동차의 일생을 관리하고 책임지는 자동차 전 과정 평가인 VLCA(Vehicle Life Cycle Assessment)라는 개념의 규제가 도입되고 있습니다.

이미 유럽에 자동차를 수출하려면, 차마다 생산 과정에서 얼마나 이산화탄소를 발생했는지를 조사해 보고하도록 하고 있습니다. 그래서 일정 기준보다 넘어서는 차량은 전기차 보조금을

천장 전체가 태양광인 테슬라 상하이 기가 팩토리 전경(테슬라 홈페이지 참조)

제한해서 자동차 회사들이 생산 과정에서도 환경을 고려하도록 유도하고 있습니다. 최근에 지어지는 자동차 공장이나 전기차 배터리 공장들의 지붕들이 태양광 패널로 가득 채워지게 된 배경도 생산 과정 전반을 관리하도록 하는 VLCA 규제 때문입니다. 기업 활동에 필요한 전력의 100%를 태양광과 풍력 등 재생에너지를 이용해 생산된 전기로 사용하겠다는 자발적인 글로벌 캠페인인 RE100(Renewable Energy 100%)도 같은 맥락입니다.

다 쓴 전기차에서 나온 폐배터리

전기차에서 가장 탄소 배출량이 높은 배터리도 개선해야 합니다. 채굴과 정제에 에너지가 많이 드는 리튬을 구하기 쉬운 나트륨으로 대체하는 기술 개발이 진행 중입니다. 음극, 양극 제작 방식도 나노 코팅을 이용해서 고온 처리 과정을 줄이는 방안도 찾고 있습니다. 같은 양으로 더 많은 에너지를 저장할 수 있게 되면 그만큼 차 한 대를 만드는데 들어가는 배터리의 무게도 줄고, 그만큼 발생하는 온실가스도 줄일 수 있을 겁니다.

배터리 탄소 배출량을 줄이는 또 다른 방법은 다 쓴 배터리를 재사용 혹은 재활용하는 겁니다. 전기차도 언젠가는 수명을 다하기 마련이죠. 보통 자동차의 수명을 10여 년 정도로 보았을 때 2010년대에 출시되었던 1세대 전기차들이 폐차되면서 폐배터리들이 쌓이기 시작하고 있습니다. 사용 후 배터리에 아직 충전 성능이 남아있고 다른 곳에 이용 가능한 경우에는 주로 재사용 방식을 채택하며, 배터리로 쓰지 못할 만큼 충전 성능이 낮아진 경우에는 분해 후 소재를 추출해 재활용합니다.

배터리 재사용의 대표적인 사례는 에너지 저장 장치 시스템 ESS(Energy Storage System) 입니다. 팩 단위로 묶인 여러 개의 사용 후 배터리를 연결하면 ESS를 구축할 수 있습니다. 이렇게 배터리를 새로 만들 필요 없이 전력 저장고를 구축하면 원자력이나 수력처럼 발전량을 제어하기 어려운 발전소에서 나오는 심야 전기들을 모아 두었다가 전기 수요가 많은 시간대에 사용하도록 하면 낭비되는 전기를 활용할 수 있게 됩니다.

닛산 자동차는 2019년에 대표적인 전기차인 리프의 중고 배터리 148개를 활용해서 네덜란드 암스테르담에 있는 아약스의 홈구장 요한 크루이프 아레나 축구 경기장에 ESS 시스템을 구축

2019년 닛산자동차가 폐배터리로 만든 ESS가 들어가 있는 아약스 홈구장

했습니다. 경기장 지붕에는 태양광 패널도 달려서 낮에는 충전해 두었다가, 밤에 경기가 열리면 충전해 두었던 전기를 이용해서 경기장을 밝히고 주변의 주민들에게 저렴하게 전기를 공급해 주기도 합니다.

이런 재활용 비율이 늘어나면, VLCA에서는 폐기에서 발생하는 탄소는 오히려 마이너스로 감면받을 수 있습니다. 그리고 배터리 내 원재료 중에 일정 비율 이상을 폐배터리에서 추출한 재료를 사용하도록 하는 규제도 2025년부터 시작될 예정입니다. 이제 전기차가 진짜 친환경 차로 시장에 제대로 판매하려면 생산부터 폐기까지 모든 과정을 관리해야만 하는 시대가 되었습니다.

전기차가 진짜 친환경 자동차가 되기 위한 조건

전기차가 쓰는 전기는 어떻게 만드나요?

요즘도 날이 추워지면 중국발 미세 먼지가 우리나라에 찾아옵니다. 먼지로 가득한 하늘을 보면서 답답하다 싶으면, 미세 먼지 저감 조치가 발동되기도 합니다. 도심 내에서 자동차 공회전은 금지되고, 매연이 심한 차량은 운행을 중단시키면 그나마 상황이 조금 나아집니다. 그만큼 우리가 살아가는데, 자동차에서 나오는 배기가스는 우리의 건강을 위협하고 생활을 불편하게 만듭니다. 만약 길 위에 지나가는 차들이 모두 전기차로 바뀐다면 어떻게 될까요? 아마도 목을 아프게 하던 자동차 매연 냄새는 사라지고,

도로도 꽉 막히지만, 자동차 배기가스로 목도 막히는 느낌입니다.

도시 공기는 엄청나게 맑아질 겁니다. 일단은 말입니다.

전기차가 배기가스가 없는 점은 좋기는 한데, 어쨌든 사람은 이동해야 하고 이동하는 과정은 에너지가 필요합니다. 일단 만들어진 전기를 이용해서 이동하면, 이동하는 동안에는 오염 물질이 안 나와서 좋은데, 그럼 전기는 어디서 어떻게 만들어 내나요? 혹시 전기를 만드는데 엄청난 온실가스가 나와서 실제로는 전기차를 타면 탈수록 환경에 안 좋은 것은 아닐까요? 설마 하는 일들이 지금 우리나라에서는 일어나고 있습니다.

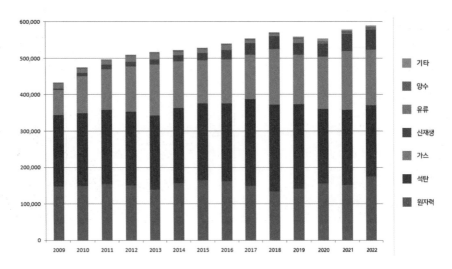

우리나라 발전원별 발전량 추이(한국수력원자력 자료 참조)

한국 수력 원자력 공단에서 발표한 우리나라의 2022년 발전량은 총 594,400GWh입니다. 그중에 친환경 발전이라고 부르는 태양광, 풍력, 조력 발전은 전체의 9%인 53,182GWh에 불과합니다. 그나마 원자력이 176,054GWh로 30%를 차지하고, 대부분은 석탄과 천연가스를 태우는 화력 발전이 356,806GWh로 60%에 달합니다. 우리가 쓰고 있는 전기 중 절반 이상이 화석 연료를 태워서 만들었습니다.

결국, 전기차를 타면, 내가 사는 지역에서의 공기는 깨끗해질지 모르지만, 저 먼 해안가의 화력 발전소에서는 훨씬 많은 양의 화석 연료를 태워서 온실가스를 만들고 있습니다. 전기차가 진짜 친환경적인 차가 되려면 전기차를 움직이는 에너지인 전기를 만드는 방법부터 친환경적인 발전으로 변환할 필요가 있습니다.

우리나라에서 친환경 발전하기는 너무 비쌉니다

실제로 탄소 중립연구원에서 실시한 우리나라 발전원의 온실가스 배출량을 고려한 국내 주요 자동차의 생산부터 폐차할 때까지 모든 과정에서 나오는 온실가스양을 조사한 VLCA 결과에 따르면, 아이오닉 5가 동급의 K5 가솔린모델보다 더 많은 이산화탄소를 내는 것으로 나왔습니다. 안 그래도 생산하는 과정에서 발생하는 이산화탄소량도 내연기관차보다 많은데, 그동안 크게 비중을 두지 않았던 운행하는 동안에 소모하는 전기를 생산하는 과정에서의 결과도 포함되다 보니 결과가 뒤바뀐 셈입니다.

이런 결과가 나온 이유는 우리나라 환경이 친환경 발전을 하기에는 유리하지 않기 때문입니다. 대표적인 친환경 발전인 태양광과 풍력을 생각해 보면, 우리나라는 사계절이 뚜렷하고 구름이 끼고 비나 눈이 오는 날들이 많아 연평균 일조량이 호주나 낮은

대표적인 친환경 발전인 태양광과 풍력

위도의 나라들에 비해서 떨어집니다. 중국이나 미국에서 진행하는 대규모 태양광 발전 단지를 구성하기에는 가능한 넓은 평지도 그리 많지 않습니다.

풍력도 제한적입니다. 우리나라는 위도 30~40도로 편서풍 지역에 속하는데 바람이 불어오는 서쪽은 중국에 의해 막혀 있습니다. 서쪽 해안가를 중심으로 풍력 발전을 대규모로 운영하는 유럽이나 미국 서부보다 우리나라에서는 제주도와 그나마 바람이 많이 부는 강원도 산악 지대를 위주로 운영되고 있지만, 발전을 경제적으로 운영하기에는 효율도 떨어지고 유지 보수 비용도 많이 듭니다.

국제 에너지 기구 IEA에서 조사한 국가별 전기를 생산하는데 에너지원에 따라서 비용이 얼마나 드는지 조사한 보고서를 보면, 우리나라가 미국이나 유럽보다 풍력이나 태양광 발전을 하는데 두 배 이상의 비용이 듭니다. 반면에 석탄과 가스를 이용한 화력 발전은 상대적으로 저렴한 편입니다. 전기를 만드는 비용이 이렇게 차이가 나다 보니 국가 산업과 일상생활의 기초가 되는 전기세를 함부로 올릴 수도 없어서 싸고 쉬운 화력 발전소를 계속 유지할 수밖에 없는 상황입니다.

그래도 미래에는 친환경 발전으로 가야 합니다

현실은 어려워도 그래도 가야 할 길은 가야 하겠죠? 앞으로 제품 생산에 사용되는 전기의 온실가스 배출량에 따라서 수출 관세를 따로 매기는 방식으로 여러 가지 규제들이 늘어나게 되면서 우리나라도 친환경 발전과 원자력 비중을 점차 늘려나갈 겁니다. 이는 파리 기후 협약에서 합의한 국가별 온실가스 감축 목표 NDC

온실가스 관점에서는 원자력 발전도 친환경 발전입니다.

(Nationally Determined Contribution) 계획에도 부합합니다. 산업통상자원부가 2023년 1월에 발표한 10차 전력수급기본계획에 따르면 2030년까지 석탄과 천연가스 발전의 비율을 43% 이하로 줄이고 원자력의 비율을 33%, 신재생 에너지의 비율을 22%까지 늘릴 예정입니다.

문제는 원자력 발전이나 태양광, 풍력 같은 신재생 에너지들의 발전량을 통제하기가 어렵다는 점입니다. 전기는 계절과 날씨,

친환경 발전을 통해 나온 전기를 수소로 만들어 저장하게 됩니다.

낮과 밤에 따라 수요가 계속 변하는데 화력 발전소는 그때그때 필요한 만큼 연료를 태워서 발전량을 조절할 수 있지만, 원자력은 한번 발전을 시작하면 밤낮으로 계속 전기가 생산됩니다. 그리고 태양광과 풍력은 자연조건에 따라 발전량이 영향을 받기 때문에 통제할 수 없습니다. 온실가스를 적게 방출하는 발전의 비율을 높일수록 전기 생산량 조절의 유연성은 더 떨어지게 됩니다.

그래서 친환경 발전이 늘어나면 늘어날수록 남아도는 전기에너지를 저장하는 방법에 관한 연구도 더 활발히 이루어질 겁니다. 대표적인 예로 폐배터리를 재사용하는 ESS가 있습니다. 생산은 되지만 찾는 수요는 적어 상대적으로 저렴한 심야 전기나 태양광 등으로 자체 생산한 전기를 충전해 두었다가 필요할 때 사용하는 전기 저장 설비가 보편화될 겁니다.

그리고 한발 더 나아가 남아도는 전기로 물을 전기 분해해서 수소로 만들어 저장하면, 언제든지 필요할 때 다시 전기로 만들어 공장을 돌리고, 자동차를 움직이게 할 수 있습니다. 수소 경제라고 하면서 미래의 에너지 사업과 미래 자동차에 관해서 이야기할 때 수소가 빠지지 않고 언급되는 이유도 친환경 발전으로 전환하기 위해서라도 불규칙적으로 생산되는 남아도는 전기에 대한 해결책이 필요하기 때문입니다. 이 문제가 해결되어야 전기차도 진짜 친환경 자동차로 거듭날 수 있습니다.

> **토론거리**
>
> 온실가스만 보면 원자력은 분명 친환경적입니다. 다만 방사능의 위험이 늘 존재하고 잘못되면 큰 재앙이 될 수 있습니다. 신재생 에너지 생산 단가가 비싼 우리나라는 앞으로 원자력 발전 비율을 늘려야 할까요?

우리는 친환경 전기만 사용하는 기업입니다 - RE100

기후 위기를 극복하기 위해 만드는 과정부터 친환경적이어야 한다는 건 자동차만의 이야기가 아닙니다. 다른 제품들도 물건을 생산하는데, 에너지가 필요하니까요. 실제로 세상에 나오는 온실가스의 1/3은 공장에서 배출됩니다. 기후 온난화를 해결하려면 자동차로 인한 운송 분야 못지않게 생산하는 과정에 대한 개선이 필요합니다.

얼마 전에 있었던 대통령 선거 후보 간담회에서 언급이 되어서 알려진 RE100은 재생에너지 전기(Renewable Electricity) 100%의 약자로 기업 활동에 필요한 전력의 100%를 태양광과 풍력 등 재생에너지를 이용해 생산된 전기로 사용하겠다는 자발적인 글로벌 캠페인입니다. RE100은 탄소 정보공개프로젝트(CDP, Carbon Disclosure Project)와 파트너십을 맺은 다국적 비영리 기구인 '더 클라이밋 그룹(The Climate Group)' 주도로 2014년에 시작되었습니다.

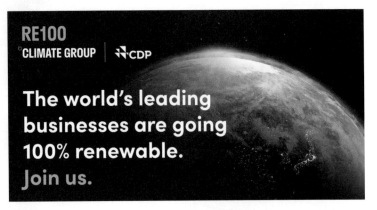

RE100 캠페인 참여를 독려하는 탄소 정보공개프로젝트 홈페이지 메인 화면

RE100 캠페인의 주된 목적은 기후 변화를 막기 위해 기업 활동에 필수적으로 필요한 전기는 온실가스를 배출하지 않는 재생에너지로 생산된 전기로 사용하겠다는 것입니다. 제일 먼저 화석 연료 발전을 대체하면서 온실가스 배출이 없는 태양광과 풍력을 비롯한 재생에너지 발전으로 대체하는 것이 가능하겠죠. 2019년 미국에서는 130년 만에 처음으로 연간 재생에너지 발전량이 석탄 발전량을 추월했습니다. OECD 국가의 재생에너지 발전 비중이 30%를 조금 넘지만, OECD 꼴찌인 우리나라의 재생에너지 발전 비중이 아직 10%가 되지 않습니다.

RE100이 글로벌기업 간 거래에서 필수 과제로 떠오르면서 국내 주요 기업들도 비즈니스 파트너인 글로벌기업들로부터 재생에너지를 사

RE100에 참여하고 있는 기업들(한국에너지융합협회 자료 참조)

용하라는 요구를 받고 있습니다. 대한상공회의소가 최근 조사한 결과를 보면, 대기업 10곳 중 3곳이 재생에너지 사용을 요구받았다고 합니다. 글로벌 주요 기업들이 기업 거래 시에 제품 생산 과정에서의 재생에너지 사용 여부를 중요 판단 요소로 두고 있기 때문입니다. 해외에 제품을 수출하려면 RE100에 적극적으로 참여해야 하는 상황입니다. 그래서 국내 기업들도 속속 RE100에 동참하겠다고 공표하고 친환경 정책을 회사 미래의 전면에 내세우고 있습니다. 이런 변화에 발맞추기 위해 신재생 에너지를 생산해 내는 산업들의 비중도 늘어나게 될 겁니다.

3

전기차랑 수소는
무슨 관계야?

물로 가는 자동차는 없습니다

우리 주변에서 가장 쉽게 구할 수 있는 자원은 바로 물입니다. 지구 표면의 70% 이상을 차지하고 있는 바닷물을 생각하면, 흔히들 물로 가는 자동차가 있으면 에너지 고갈을 걱정할 필요는 없을 거라 이야기합니다. 탄소가 포함되어 있지도 않으니, 온실가스를 발생하지도 않을 거고요. 이런 상상 속의 물로만 가는 자동차는 현실에는 없지만, 물만 배출하는 자동차는 있습니다. 바로 수소를 이용한 연료전지 자동차입니다.

수소를 연료로 하는 수소연료전지 자동차의 대표 넥쏘
(현대자동차 홈페이지 참조)

중학교 화학 시간에 물은 수소와 산소가 결합하여 H_2O의 형태로 구성된다는 건 다들 기억할 겁니다. 수소와 산소가 결합한 물은 화학적으로 아주 안정된 물질이기 때문에 분리하려면, 에너지가 많이 필요합니다. 《내일은 실험왕》이라는 만화책을 보면 세계 대회 중 중국과의 대결에서, 중국 팀이 물을 전기 분해해서 수소와 산소로 만들고, 그렇게 만든 수소를 다시 산소와 반응시켜 전기를 만드는 실험을 다룬 적이 있습니다.

사실 물에서 수소를 만드는 과정에 에너지가 필요하기 때문에 수소를 에너지로 쓴다고 해서 물을 연료로 활용한다고 하기에는 무리가 있습니다. 기존에 만들어진 에너지로 물을 분해해서 수소 형태로 저장했다가 필요할 때 쓰는, 일종의 에너지 저장 방법으로 이해하는 것이 더 정확합니다. 이렇게 수소에 에너지를 저장해두었다가 연료전지를 통해서 전기를 생산하고 그 전기로 움직이는 차를 수소연료전지차(FCEV, Fuel Cell Electric Vehicle)라고 부릅니다. 대표적인 모델로는 현대자동차의 넥쏘 FCEV를 들 수 있습니다.

전기가 우유라면 수소는 치즈

수소차가 미래의 친환경 차로 주목을 받는 배경에는 전기차와 연관이 있습니다. 앞서 살펴본 대로 전기차가 진짜 친환경이 되려면 발전 자체도 친환경적이어야 하는데 태양광, 풍력, 조력, 원자력까지 탄소 중립에 도움이 되는 발전 형태는 모두 언제 얼마나 발전할 수 있는지 제어가 어렵다는 단점이 있습니다. 수요가 높을 때와 발전량을 맞출 수 없으니, 남아도는 전기를 저장해두었다가 필요할 때 쓸 수 있게 해주는 매개체가 필요합니다.

이럴 때 전기를 응축해서 쓸 수 있도록 하는 저장 매체로 가

친환경 발전으로 생산된 전기로 물을 분해해서 수소로 저장하는 수소 경제

장 주목을 받는 것이 바로 '수소'입니다. 남아도는 전기로 물을 분해해서 저장해두었다가 필요할 때 쓰는 거죠. 그래서 흔히들 전기가 우유라면 수소는 치즈라고 부릅니다. 우유를 치즈로 바꾸면 농축된 상태로 오래 보관할 수 있는 것처럼, 우리 눈에 보이지 않고 계속 흘러가는 전기 에너지를 물질에 저장하고 연료처럼 옮겨 담을 수 있게 되는 장점이 있습니다.

이렇게 전기 에너지를 농축한 수소를 이용하는 수소연료전지차는 전기차에서 배터리 대신에 수소 저장 탱크와 연료전지라고

한때 대형 트럭의 테슬라로 주목받았던 니콜라

하는 발전기로 바뀐 형태의 자동차입니다. 전기를 충전할 필요 없이 LPG 가스를 충전하듯이 바로 충전하면 되기 때문에 전기차의 약점인 충전 시간을 획기적으로 줄일 수 있습니다. 특히 대형차 부문에서는 큰 차량을 전기로 움직이기 위한 배터리가 너무 무겁고, 충전 시간이 오래 걸리기 때문에 가벼운 수소로 갈 수 있는 수소연료전지차가 더 관리하기 수월합니다. 미국에서 대륙 횡단 수소연료전기차 트럭을 개발하고 있는 니콜라 같은 기업이 주목받았던 것도 이런 이유 때문입니다.

그러나 2022년까지 세계시장에서 수소차는 고작 2만 대 판매에 그쳤습니다. 전기차 판매량이 총 700만 대를 넘어선 것에 비하면 초라한 실적입니다. 세계 수소차 충전소도 700여 곳으로, 좀처럼 늘지 않고 있습니다. 현대차에서도 2020년대 초반만 해도 수소연료전지차로 신기술을 이끌어 가겠다는 포부를 밝혔지만, 넥쏘 이후에 다음 수소차 모델 출시는 계속 지연되고 있습니다. 이유는 수소연료전지 차량의 시장 경쟁력이 부족하기 때문입니다.

수소연료전지차를 찾아보기 어려운 이유

일단 생각보다 수소가 싸지 않습니다. 특히 우리나라에서 전기를 생산하는데 다른 나라에 비해서 비용이 많이 듭니다. 태양열이나 풍력과 같은 그린 수소 생산 여력은 북유럽 등의 절반 수준입니다. 수소를 생산하는 데 필요한 전기를 생산하는 과정에서 나오는 온실가스도 만만치 않습니다.

여기에 자동차용 수소연료전지에 들어가는 수소는 순도가 아주 높아야 합니다. 이런 수소는 전기 분해를 통해 만들거나 정유화학 산업 과정에서 나오는 수소를 정제해서 만들어야 하는데 이

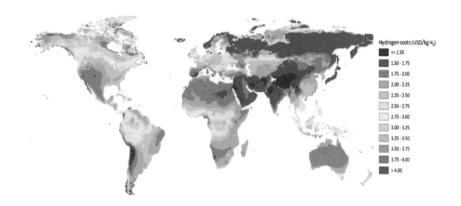

지역별 그린 수소 생산 비용 자료(국제 에너지 협회 자료 참조)

과정이 만만치 않습니다. 현재 수소 1kg을 충전하면 80km 정도를 갈 수 있는데 충전 비용은 만 원 정도로 대략 경유 자동차 수준의 유지 비용입니다. 내연기관 차보다 상대적으로 비싼 수소연료전지차의 가격을 고려하면 경제적인 이득이 없습니다.

전기차보다 큰 배터리 용량이 필요하지 않으니 차량 가격이라도 저렴하면 극복할 수 있을 텐데, 아직 연료전지에 들어가는 전극을 생산하는 비용이 만만치 않습니다. 그래서 넥쏘 수소연료전지차의 가격은 7천만 원으로 이미 비싼 전기차보다도 더 비쌉니다. 수소 경제를 지원하기 위해 정부에서는 전기차의 두 배인

3천만 원에 가까운 보조금을 지원하지만, 여전히 비슷한 내연기관차보다는 부담이 많이 됩니다.

그리고 수소라는 연료 자체가 다른 연료들에 비해서 다루기 힘든 점도 단점입니다. 자연에서 가장 가벼운 물질인 수소는 압력을 높여도 액체 상태를 유지하기 어렵습니다. 그래서 생산된 수소는 고압으로 압축해서 보관 운송되어야 하고, 차에도 800bar가 넘는 고압으로 압축된 상태로 충전됩니다. 그리고 불꽃과 만나서 불이 붙는 가연 범위도 넓습니다. 일반 소비자로서는 불안할 수밖에 없겠죠. 고압 충전이 필요한 수소 연료 특성상 충전소 설치와 유지 비용도 일반 전기충전소보다 20배 이상더 많이 듭니다. 그래서 2022년 기준으로 전국의 수소충전소는 172기로 전기충전소 120,095기의 0.1%도 되지 않습니다. 경제적이지도 않은데 충전소를 찾기도 어려우니 사람들이 외면할 수밖에 없습니다.

수소 경제, 느리지만 반드시 올 미래

그러나, 시야를 전 세계로 넓혀 보면 수소 경제의 확대는 정해진 미래입니다. 지구 온난화 대책으로 세계 각국은 탄소 중립 목표를 설정하면서 친환경 발전 비율을 높이고 있고 자연스럽게 수소 에너지 관련 사업도 늘어나고 있습니다. 제품의 생산 과정에서부터 신재생 에너지를 써야 한다고 하는 RE100(Renewable Energy 100%) 규제도 유럽부터 시작되면서 우리나라도 이에 맞추어 체질을 바꾸어야 경쟁에서 살아남을 수 있습니다.

우리보다 친환경 발전이 쉬운 호주의 경우를 살펴볼까요? 호주는 넓은 땅과 사면이 바다로 둘러싸인 장점을 이용해서 친환경적인 발전으로 전기를 만들고 물을 분해해서 수소를 만듭니다. 이걸 일부는 공장에서 사용하고, 연료전지 차량에 사용하기도 하지만 일부는 암모니아로 변환한 상태로 해외에 수출하기도 합니다. 그렇게 수입한 암모니아를 우리나라에서 전기를 많이 필요로 하는 포항제철 같은 업체가 사서 그 안에서 수소를 추출한 다음 그 수소로 전기를 만들어 용광로를 돌립니다. 그러면 포항제철에서 생산한 철은 호주의 바람이 만든 친환경 전기를 사용한 것이기 때문에 RE100 기준을 맞출 수 있습니다.

앞으로 친환경 발전 효율이 더 높아지면 생산 단가도 줄어들 수 있습니다. 지금은 너무 비싸서 대중화되기에는 어려움이 있는 연료전지의 전극 생산 비용도 수소를 생산하고 소비하는 주체가

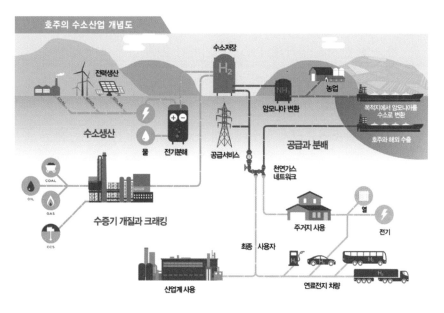

친환경 발전이 우수한 호주의 수소 산업 개념도(가스뉴스 자료 참조)

많아지면 대량생산을 통해 단가를 낮출 수 있습니다. 그때가 되면 수소를 이용하는 생태계가 구성될 것이고, 자연스럽게 수소연료전지차를 우리 주변에서 쉽게 찾아볼 수 있는 시기가 올 것입니다.

분명한 것은 세상의 모든 차가 전기차로만 운영되지는 않을 것이라는 점입니다. 충전 시간의 단점, 무거운 배터리, 충전 인프라가 부족한 지역적 한계, 남아도는 전기의 처리 방법 등 전기차가 가진 한계도 명확하니까요. 전기차가 1900년대 초에 세상에 나왔지만, 오랫동안 꾸준한 기술 개발로 연료전지의 성능과 가격이 낮아지기를 기다렸다가 요즘에야 세상에 제대로 자리를 잡은 것처럼 수소연료전지차에 대해서도 상용화되기 전까지는 참을성 있는 기다림이 필요해 보입니다.

5장.
전기차의
미래

1

전 세계는 지금
전기차 자원 전쟁 중

자동차도 재료가 있어야 만듭니다

코로나가 한창 유행하던 때의 일입니다. 사람들이 밖으로 나갈 수 없으니까, 자동차 회사들은 아무래도 새로운 차 판매가 줄어 들 것이라고 예상했습니다. 그래서 자동차에 들어가는 반도체를 만드는 회사들에게 미리 주문했던 물량을 좀 줄이겠다고 통보했습니다. 반도체 회사들에게는 자동차에 들어가는 반도체는 가격이 싸고 수익이 높지 않았거든요. 그래서 물량을 줄여도 된다는 요청을 받자 반도체 회사들은 위기를 기회로 전환하고자 더 비싼 스마트폰이나 그래픽 카드에 들어가는 반도체를 만드는 설비로

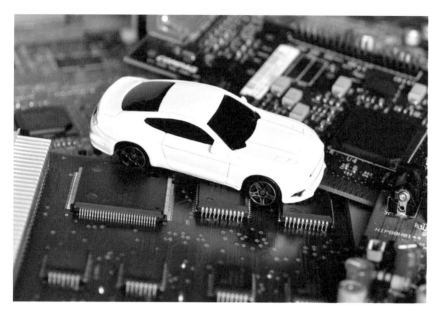

자동차 생산에 들어가는 많은 반도체

전환하는 작업에 들어갔습니다.

그런데 웬걸요. 사람들과 접촉을 되도록 피해야 하니까 개인 공간을 확보하기 위해 오히려 개인 차량에 대한 수요가 더 늘었습니다. 물건도 온라인으로 사니까 배송 차량도 더 많이 필요하게 됩니다. 그제야 예측을 잘못한 자동차 회사들이 부품을 더 주문했는데 이미 사양 변경에 들어간 반도체 회사들이 주문받은 물량을 공급하지 못하는 상황이 일어났습니다. 그래서 한동안 뉴스에서 떠들썩했던 전 세계 자동차 산업에 반도체가 없어서 차를 만들지 못하는 반도체 대란이 일어났습니다. 우리나라도 한동안 돈을 줘도 새 차를 받으려면 몇 달을 기다려야 하는 시기가 있었습니다. 이렇게 자동차 산업을 유지하는 데는 부품을 제대로 공급받는 일이 정말 중요합니다.

전기차를 타는 사람들이 늘어나면서 반도체와 같은 공급 문제를 겪고 있습니다. 바로 배터리에 들어가는 자원을 두고 말입니다. 전기차를 만들고 싶어도 배터리를 제대로 공급받지 못하는 상황이 되면 만들 수가 없겠죠. 자원을 가지고 있는 나라들과 자원이 필요한 나라들 사이에서 총성 없는 전쟁이 지금도 진행 중입니다.

미·중 갈등으로 차 만들기가 어려워졌어요

배터리에는 전해질로 리튬이 들어가고 양 음극재에는 니켈과 코발트가 필요합니다. 이런 전기차 배터리에 들어가는 핵심 광물 가격이 2023년 들어 치솟고 있습니다. 광물 가격이 상승하는 요인은 중국과 미국, 유럽 등 친환경 정책을 펼치는 국가 중심으로

미국 중국 간 무역 전쟁이 갈수록 심화하고 있습니다.

전기차 판매량이 증가해 수요는 늘어난 반면 광물을 공급하는 공급망은 불안 요소가 가득하기 때문입니다.

세계 최대 코발트 생산국인 콩고의 코발트 광산 약 70%는 중국이 소유하고 있습니다. 리튬 매장량의 80%가량도 칠레, 호주, 아르헨티나, 중국 등 4개국에 집중되어 있는데, 최근 칠레는 마치 중동의 나라들이 석유 수출을 제한해서 가격을 올리는 것과 같이 자국의 리튬 수출을 제한하겠다고 발표했습니다. 니켈의 경우 비교적 전 세계에 고루 분포돼서 있지만, 그중 러시아가 세계 최대의 니켈 공급국인데 2023년 초에 러시아-우크라이나 전쟁이 일어난 이후에 국제 사회의 무역 제재를 받으면서 공급 불안에 대한 우려로 니켈 가격이 사상 최고치를 기록했습니다.

더 나아가서 미국은 2023년 8월에 인플레이션 감축법 IRA(Inflation Reduction Act)를 공지하면서 2023년부터 니켈, 리튬, 코발트 등 전기차 배터리에 쓰이는 핵심 광물의 40% 이상이 미국 또는 미국과 자유무역협정(FTA)을 체결한 국가에서 생산되지 않으면 전기차 보조금을 지원하지 않겠다는 규제를 발표했습니다. 이 비율은 2027년 80%까지 올라가는데 사실상 미국에 전기차를 팔려면 중국이 관여한 광물은 쓰지도 말라는 이야기입니다.

원자재 가격도 오르는데, 내 편이 아닌 나라에서 캐낸 광물은 쓰지 말라고 하면서 배터리 재료를 구하기가 더 어려워졌습니다. 그래서 배터리 생산 가격은 계속 오릅니다. 원래는 배터리 기술이 좋아질수록 에너지 밀도가 더 높아져서 같은 주행 거리를 가는 배터리 단가가 줄어들고, 그래서 전기차 가격도 내려가야 하는데 그러질 못하고 있습니다. 전기차의 생산량을 늘리려고 해도 충분한 배터리를 확보할 수 있을지도 의문인 상황입니다.

다 쓴 배터리에서 해결책을 찾아 봅시다

이런 자원 부족난을 해결할 수 있고, 환경도 보호할 방법이 폐배터리 재활용입니다. 전기차가 세상에 나온 지도 이미 10여 년, 조금씩 수명을 다한 전기차에서 나오는 배터리를 어떻게 처리할지도 큰 문제입니다. 이런 폐배터리를 재활용하면, 환경 오염도 예방하고 안전사고 위험도 줄일 수 있습니다. 거기다가 리튬, 니켈 같은 배터리 핵심 원료를 추출하면 자원 부족난도 해결할 수 있습니다. 그리고 원료를 확보하기 위해서는 광산을 채굴하는 과정에서 황산 같은 물질을 사용하게 되는데, 토양오염과 이산화탄소 배출을 피할 수가 없습니다. 재활용하게 되면 채굴 과정에서 발생하는 환경 오염도 줄일 수 있습니다.

폐배터리의 재활용 과정은 일단 쓰레기 분리 수거를 하듯이 재질에 따라서 자동차를 분해합니다. 그리고 배터리 내부 부분만 분쇄해서 검은색 가루 형태로 만듭니다. 그런 다음에 이 중간 원료를 화학 처리해서 황산망간, 황산니켈, 황산코발트, 탄산리튬의 형태로 추출하는 후처리 공정을 거치게 됩니다. 이렇게 추출

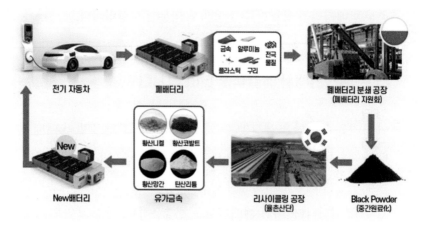

폐배터리 재활용 사업 개요(포스코 홈페이지 자료 참조)

된 원료들은 다시 배터리 회사로 보내져서 새로운 배터리로 재탄
생하게 됩니다.

자동차 회사는 폐배터리 분리수거에 대한 의무를 지고 수거
된 배터리는 허가된 업체에서 처리되어야 합니다. 미국은 폐배
터리에서 추출한 광물을 북미에서 재가공하면 보조금 혜택을 주
는 법을 통과시켰고, 유럽은 '지속할 수 있는 배터리 법'을 통해
2030년부터는 생산되는 모든 배터리에 재활용 원료가 코발트
16%, 리튬 6%, 니켈 6% 이상 사용할 것을 의무화했습니다. 재활
용하지 않으면 배터리를 만들어 팔 수 없어지는 셈입니다.

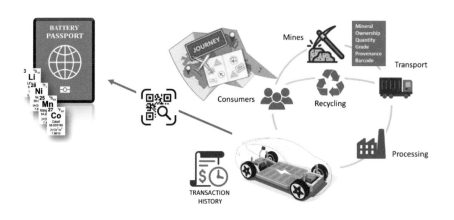

배터리가 생산되어서 관리된 이력을 확인할 수 있는 배터리 여권
(미국 국립과학연구소 NIST 자료 참조)

그리고 배터리에 원재료 채굴부터 제품 생산, 소비, 폐기, 재사용, 재활용 등 배터리 생애주기의 모든 정보를 확인할 수 있는 개방형 전자 시스템과 연동된 배터리 여권이라는 QR코드를 의무적으로 표시하도록 하고 있습니다. 우리가 여권을 보면 어느 나라를 갔다 왔는지 알 수 있듯이, 지금 차에 설치되는 배터리가 어디서 채굴된 광물과 어느 폐배터리에서 추출한 원재료로 어디서 만들어지고 어떻게 사용됐는지에 대한 이력을 바로 확인할 수 있게 됩니다.

전기차 배터리 재활용은 이제 필수입니다.

우리나라에서도 폐배터리 관련 사업이 크게 주목을 받고 있습니다. 2023년 10월부터는 배터리 재사용에 대한 안전성 검사제도가 도입되고 배터리 여권처럼 배터리의 원자재 공급부터, 생산, 소비, 재활용 등 모든 과정의 이력을 관리하는 정책도 공표되었습니다. 그리고 그동안 정부가 일괄 관리하고 있던 폐배터리관련 규제를 완화해서 더 많은 기업이 효율적으로 배터리 재활용사업에 참여하도록 유도하고 있습니다.

전기차 시장이 확대됨에 따라 자연스럽게 수명이 다한 전기차도 늘어날 겁니다. 이미 2023년에 17만 대를 시작으로 2030년이 되면 400만 대 규모가 됩니다. 이 많은 차에서 나오는 배터리들은 그야말로 길 위의 광산인 셈입니다. 몇조 단위의 투자가 필요한 광산 개발보다 적은 투자로 미래에 꼭 필요한 광물을 확보할 수 있는 거죠. 그리고 이런 폐배터리 재활용을 통해 배터리 원료를 스스로 만들 수 있게 되면, 자원이 부족한 우리나라도 대외 의존도와 지역적 위험을 줄일 수 있습니다. 거기에 글로벌 환경오염까지 줄일 수 있으니, 미래의 전기차 시대에서 폐배터리는 더 이상 쓰레기가 아니라 놓쳐서는 안 될 소중한 자원입니다.

99 토론거리

미국은 우리나라와 정치적으로는 동맹국입니다. 그리고 중국은 우리와 가까운 가장 큰 교역국입니다. 미·중간의 갈등이 커지는 요즘, 우리나라는 어떤 자세를 취해야 할까요?

2

그럼 지금 타는 내연기관 차들은 다 사라지나요?

모든 차를 전기차로 만드는 건 불가능합니다

지구 온난화를 막기 위해서 이산화탄소를 줄여야 하는 건 확실합니다. 그렇다고 지금 달리고 있는 자동차들을 한 번에 다 전기차로 바꿀 수는 없습니다. 전 세계에서 현재 운영되고 있는 자동차의 수는 약 15억 대라고 합니다. 이 많은 차를 모두 전기차로 바꾸려면 그만큼의 배터리가 필요한데 지구에서 구할 수 있는 리튬 자원을 모두 다 써도 50% 정도만 가능합니다. 그리고 이 많은 차를 충전할 전기를 생산하는 일도 보통이 아닙니다.

세상에는 이미 너무 많은 자동차가 있습니다.

그리고 사람들이 이동하고 물건을 나르는 일은 자동차만 하는 것도 아닙니다. 나라와 나라 사이를 이동하고 커다란 컨테이너를 옮기는 작업은 비행기와 대형 선박들이 하고 있죠. 엄청나게 큰 덩치의 쇳덩어리를 하늘과 바다에 띄우고 움직이는 과정에도 엄청난 에너지가 필요로 합니다. 현재는 그 에너지의 대부분을 화석 연료를 통해 얻고 있습니다.

만약 비행기와 컨테이너 화물선을 전기로 움직이게 한다고 가정해 봅시다. 하늘에서는 방전이 됐다고 중간에 세울 수도 없을 테니까 에너지를 충분히 채워야 하겠죠? 그러면 엄청나게 큰

운송의 큰 축인 항공과 해운. 전동화하기에는 한계가 있습니다.

배터리가 필요할 겁니다. 그런데 배터리는 커지면 커질수록 무게도 많이 나가니까 더 많은 에너지가 필요할 겁니다. 그리고 많은 에너지를 충전하는데도 시간도 많이 필요할 겁니다. 배도 마찬가지고요. 이동 거리가 멀고, 중간에 멈출 수도 없고, 하늘과 바다에서 떠 있으려면 되도록 가벼워야 하는 특징들 때문에 항공기와 선박을 이용한 운송을 전기로 대체하는 데는 한계가 있습니다.

애초에 이산화탄소가 나오지 않는 연료를 만들면 되겠지만,

쉽지 않습니다. 수소를 직접 태워서 사용할 수도 있지만, 상온에서 기체 상태인 수소를 가지고 가려면 커다란 탱크가 있어야 합니다. 그래서 이런 한계를 극복할 수 있는 해결책을 찾던 사람들은 관점을 바꾸기 시작했습니다. 최종 목표가 이산화탄소를 줄이는 거라면, 그럼 나무를 심듯이, 연료를 만드는 과정에서 이산화탄소를 줄인 연료를 쓰면 되지 않겠냐고 말이죠. 이런 고민 끝에 탄생한 새로운 해결책이 재생 합성 연료인 이퓨얼(E-Fuel, Electro-fuel)입니다.

전기로 만든 새로운 연료, 이퓨얼

이퓨얼은 풍력, 태양광, 원자력 등의 신재생 에너지를 사용하여 수소를 만든 후에 공기 중에 있는 이산화탄소와 합성하여 제조하는 합성 액체 연료입니다. 기존의 가솔린이나 디젤처럼 주유하고 사용할 수 있습니다. 성분에 공기 중 이산화탄소로부터 온 탄소가 포함되어 있기 때문에 태우면 물론 이산화탄소가 나옵니다. 그렇지만, 생산 과정에서 이미 이산화탄소를 줄이는 효과가 있어서 크게 보면 환경에 미치는 영향이 없는 친환경 연료인 셈입니다. 마치 밥 먹고 운동하는 것과 운동하고 밥 먹는 것이 칼로리 입장에서는 동일한 것과 마찬가지죠.

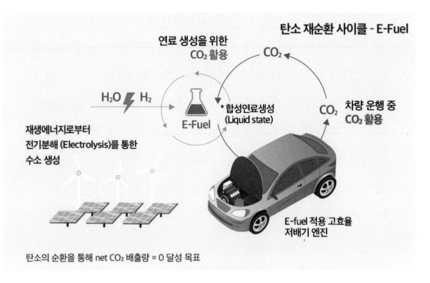

이퓨얼 전 주기 흐름도. 차에서 나온 이산화탄소를 다시 연료로 만들어 순환합니다.(산업통상자원부 이퓨얼 연구보고서 자료 참조)

기존의 화석 연료처럼 기존 인프라를 활용해서 안정적인 연료공급이 가능하고 연료의 특징들도 엔진 특성에 맞춰서 조정할 수 있습니다. 액체 연료로 현재 사용되고 있는 내연기관 엔진에 쉽게 적용할 수 있고, 에너지 밀도가 높은 것도 장점입니다. 이러한 장점들 때문에 국가 간 또는 지역 간 운반할 때도 좋고 발전소에서 생산된 나머지 에너지 저장에도 활용될 수 있습니다.

포르쉐가 칠레에 건설한 E-fuel 공장(포르쉐 홈페이지 참조)

사실 이퓨얼 개발은 석유가 고갈되는 상황을 대비해서 시작되었습니다. 30년 전에도 20년 뒤면 석유가 고갈될 거라고 이야기했습니다. 그동안 석유를 채굴하는 기술이 발전하면서 계속 그 시기가 미루어지고 있지만, 우리가 현재 쓰고 있는 화석 연료는 언젠가는 다 바닥날 수밖에 없습니다. 그때가 되면 석유가 들어가는 모든 분야에서 석유의 대체재가 필요하게 됩니다. 이런 필요 때문에 시작된 합성 연료 연구가 대기 중에 이산화탄소를 포집하는 기술과 만나면서 석유가 고갈되는 문제보다 더 먼저 다가온 온난화 문제를 해결할 수 있는 대안으로 주목받고 있습니다.

이미 많은 자동차 회사들이 이퓨얼 개발에 동참하고 있습니다. 아우디는 2017년부터 별도의 연구시설을 세우고 이퓨얼 연료를 생산하고, 거기에 맞는 엔진 실험에 착수했습니다. 도요타나 닛산 같은 일본 기업들도 관련 엔진 연구를 2020년부터 진행하고 있습니다. 럭셔리 브랜드로 알려진 포르쉐는 칠레에 하루 400ℓ의 이퓨얼을 생산할 수 있는 공장을 지어서 2024년부터 F1 레이싱 경주용 자동차에 연료로 활용하겠다는 계획을 발표했습니다.

이퓨얼로 엔진 자동차에 새 생명을……

문제는 늘 가격입니다. 몸에 좋은 약이 입에는 쓴 것처럼 환경에 좋은 건 그만큼 비쌀 수밖에 없습니다. 화석 연료와 비교해 보아도 이퓨얼은 생산 과정에서의 에너지 변환 효율이 낮고, 제조 공정이 복잡합니다. 전기를 만들고, 그걸로 수소를 만들고, 공기 중에 있는 이산화탄소를 포집하고, 이들을 합성해서 연료를 만드는 과정 하나하나마다 돈이 들 수밖에 없습니다. 생산 설비 구축 과정에도 천문학적인 비용이 투입돼야 합니다. 현재 구매 가능한 E-가솔린의 가격은 1ℓ당 40유로 우리나라 돈으로 5만 원이 넘습니다. 주유소에서 구매할 수 있는 가격의 30배가 넘어가는 상황이니 이런 상태로는 전혀 시장 경쟁력이 없습니다.

이퓨얼의 생산 단가를 낮추려면, 과정마다 들어가는 비용을 최소화해야 합니다. 친환경 발전의 비용을 줄이고, 이산화탄소도 밀도가 낮아 비용이 많이 드는 대기에서 직접 수집하는 방식보다, 공장이나 자동차에서 나오는 이산화탄소를 직접 포집하는 방식으로 전환하면 효율을 높일 수 있습니다. 이산화탄소와 수소를 반응시키는 합성 과정도 더 좋은 촉매 물질을 개발하고, 대량 생산하면 단가를 낮출 수 있습니다.

유럽을 중심으로 구성된 이퓨얼 연합의 계획에 따르면, 2050년에는 이퓨얼의 생산 가격이 1ℓ당 1.3 달러 이하로 줄어들 것으로 예상합니다. 그때가 되면, 상당량 고갈된 석유 자원의 가격은 많이 올라서 일반 석유 제품과 이퓨얼 가격이 역전되는 시점이 옵니다. 이런 예상을 바탕으로 2050년에 탄소 중립 시대에는 현재 다니는 자동차의 50%는 전기차로 대체되고, 30%는 이퓨얼로 운영될 예정입니다. 나머지 20% 중 절반은 콩이나 유채꽃으로 만든 바이오 연료로 채우고 남은 10%만 기존의 석유를 일정 비율 섞어서 소량 소비될 것으로 예상하고 있습니다.

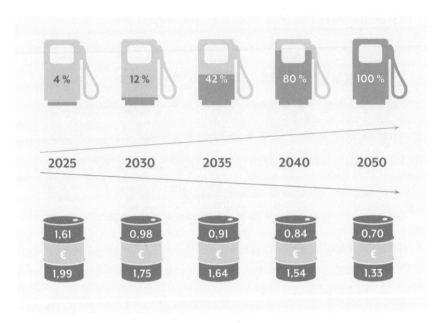

2050 이퓨얼 공급 계획과 가격 예상(E-fuel Alliance 자료 참조)

　　국내 정유회사들도 미래의 먹거리가 되는 중요한 사업이기 때문에 지금이라도 나서야 하지만, 전기차 위주로만 진행되고 있는 정부 지원과 경제적인 이득이 없는 현실 사이에서 제약을 많이 받고 있습니다. 이퓨얼 생산 기술을 개발하고 설비를 구축하려면 천문학적인 자금이 투입돼야 하는데, 수송 수단이 급격하게 전동화로 전환되고 내연기관에 대한 환경 규제 등이 강화되면서 얼마나 시장이 원할지 수요가 불확실하기 때문입니다.

　석유 한 방울, 전기차에 들어가는 주요 광물인 리튬도 거의 나지 않는 우리나라로서는 에너지 안보를 위해 전략적으로 이퓨얼에 대해 지원할 필요가 있습니다. 이퓨얼이 보편화되면 이동에 필요한 에너지원을 미래 모빌리티인 전기차, 수소차를 중심으로 옮겨가는 과정에서 기존 내연기관을 기반으로 하는 자동차 산업의 유연한 전환이 가능해집니다. 특히 우리나라가 강점을 보이는 조선 해양 대형 수송 산업 부문에서도 지속 가능한 탄소 중립 기술을 선점할 수 있습니다.

석유가 진짜 고갈되는 문제를
해결한 셰일 가스

석유가 없는 삶을 상상할 수 있을까요? 자동차가 달리고, 집을 따뜻하게 하는 것뿐 아니라 우리가 쓰고 있는 대부분의 제품은 석유를 재료로 만들어집니다. 석유는 수억 년 전의 바다 생물들의 잔해가 쌓여서 만들어진다고 하니, 이렇게 계속 쓰다가는 언젠가는 고갈될 것이라는 우려를 하는 것도 당연합니다.

그러나, 이런 석유 고갈론은 마치 양치기 소년의 거짓말처럼 계속 반복되어 왔습니다. 1920년대부터 시작해서 2000년대 초까지 계속됐죠. 앞으로 20년 뒤면 석유가 고갈될 것이기 때문에 대체 에너지 개발이 필요하다는 이야기가 반복되고, 석유를 생산하는 중동의 산유국들이 담합해서 생산량을 줄여서 석유 가격이 급등하곤 했었습니다. 물론 그때마다 시추 기술의 발전으로 새로운 유전을 발견해 가면서 극복해 왔죠. 그리고 2010년 이후로는 이런 논의에 마침표가 찍힙니다. 바로 셰일 가스의 등장입니다.

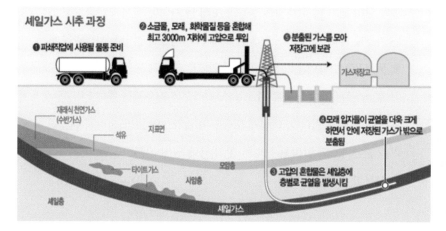

셰일 가스 시추 과정(한국해양대학교 석유 공학연구실 자료 참조)

❶ 파쇄 작업에 사용될 물통 준비

❷ 소금물, 모래, 화학물질 등을 혼합해 최고 3,000m 지하에 고압으로 투입

❸ 고압의 혼합물은 셰일층에 층별로 균열을 발생시킴

❹ 모래 입자들이 균열을 더욱 크게 하면서 안에 저장된 가스가 밖으로 분출됨

❺ 분출된 가스를 모아 저장고에 보관

　우리가 사용하는 전통 천연가스는 모래와 진흙이 단단하게 굳어진 퇴적암층인 셰일층에서 생성된 후 지표면 방향으로 이동해 한 군데에 고여 있는 자원입니다. 그래서 비교적 쉽게 개발할 수 있었죠. 그러나 그

렇게 모여 있지 않고 셰일층에 돌과 모래 틈 사이에 퍼져서 잔류하고 있는 가스도 많이 있습니다. 2010년대부터 수평으로 삽입한 시추관을 통해 물, 모래, 화학약품의 혼합액을 고압으로 분사해 암석에 균열을 일으킨 후, 균열된 암석 부위로 가스가 스며 나오면 시추관을 통해 외부에서 포집할 수 있게 됩니다. 이렇게 포집된 셰일가스의 물리·화학적 성질이 기존 천연가스와 같아서 상업화 및 이용에 있어 기존의 인프라를 그대로 사용할 수 있습니다.

오바마 대통령은 2013년에 미국은 앞으로 100년은 사용할 수 있는 석유가 있다고 공표할 정도로 셰일 가스 매장량은 엄청납니다. 이미 중국, 러시아 등 강대국들도 자기 나라에서 새로운 셰일 가스 개발에 참여하면서 석유가 고갈될 거라는 위기는 사라졌습니다. 석유를 구하기 쉬워지자 석윳값이 폭락해서 연비가 좋은 차를 찾던 흐름도 주춤하고 있습니다. 또 시추 가능성이 떨어지고 비용도 많이 드는 해양 플랜트 산업도 쇠퇴하게 되면서 조선업도 큰 영향을 받게 됩니다.

셰일 가스의 비중이 더 커지면서 채취 과정 자체에서 발생하는 환경 문제가 심각하고, 일부 지역에서는 지진을 유발할 수도 있다는 연구 결과도 보고되었습니다. 무엇보다도 석유 고갈을 대비하기 위한 대체 재생에너지 개발 흐름에는 큰 추진력이 사라지게 된 셈입니다. 엔진 자동차를 굴릴 새로운 연료원을 찾아서 더 싼 가격에 공급할 수 있게 되면서 전기차를 포함한 친환경 자동차 개발에도 미묘한 입장 변화가 감지됩니다. 정작 그사이에 지구는 더 힘들어하고 있는데 말이죠.

전기차는 새로운
자동차 시대를 여는 문입니다

전기차로 가면서 자동차 만들기가 더 쉬워졌습니다

지금까지 우리는 전기차에 대해서 많은 부분을 살펴보았습니다. 기후 위기가 현실로 다가오면서 기존의 내연기관 차를 조금 더 친환경적으로 바꾸어야겠다는 움직임이 생겼죠. 배터리 기술의 발달로 한번 충전하면 갈 수 있는 거리도 많이 늘어나고, 충전 시간도 아주 빨라지면서 전기차를 찾는 사람들이 점점 더 늘어나고 있습니다. 아직 진짜 환경에 도움이 되려면 전기를 만드는 방식도 더 개선되어야 하겠지만, 그래도 앞으로 자동차 산업이 전기차로 빠르게 변화하리라는 건 누구나 쉽게 예상할 수 있습니다.

복잡한 엔진 부품들이 더는 필요하지 않게 됩니다.

기존에 자동차를 만들어 온 사람들에게 전기차로의 변환은 자동차 산업에 들어올 수 있는 진입 장벽이 많이 낮아졌음을 의미합니다. 1초에도 수십 번씩 연료를 태우고 폭발해서 에너지를 만들고 이를 제어하는 시스템을 만드는 일은 무척 힘든 일입니다. 많은 열을 내는 폭발에도 안전해야 하고 배기가스도 환경 규제에 맞추어야 하는데 최소 20만 ㎞ 동안 그 성능을 유지해야 하니까요. 그래서 보통 새로운 엔진을 개발하는 건 5년 정도 걸리고, 차를 만들어서 성능을 확인하고 20만 ㎞를 달려도 문제가 없는지를 확인하는 내구 시험도 하면서 공장에서 품질 문제 해결하면서 양산하는데도 2년이 넘는 시간이 필요합니다. 그것도 자동차 회사 혼자서 하는 것이 아니라, 다양한 부품 공급 업체와 공급망을 만들어 공동 제작하는 방식으로 운영이 되고 있습니다.

그러나 전기차가 되면 이런 과정들이 훨씬 간소화해집니다. 열이 나지 않으니 냉각도 필요 없고, 배기가스를 정화할 필요도 없어요. 열이 많이 나지 않으니까 내구 위험도 더 줄어듭니다. 대신 배터리가 엔진만큼 큰 비중을 차지하게 되지만, 배터리는 전문 회사들이 개발해서 기준에 맞춰서 납품해 주면 되니까 자동차 회사 차원에서는 돈은 좀 들겠지만, 개발에 대한 부담은 훨씬 적습니다. 자동차에 들어가는 부품의 수도 40% 줄어들었습니다. 그래서 자동차 개발에 경험이 없는 회사들도 전기차라면 해 볼 만하다고 여기기 시작합니다.

차야? 스마트폰이야?

자동차 개발의 중심이 엔진에서 차 자체로 이동하면서 경쟁력 있

테슬라에서 즐길 수 있는 넷플릭스 OTT 서비스
(테슬라 홈페이지 참조)

는 자동차의 기준도 변하게 됩니다. 옛날에는 엔진 성능이 좋아서 잘 달리고, 조용하고, 연비가 좋은 차들이 많이 팔렸다면, 이제는 잘 달리는 것은 기본이고, 한번 충전으로 얼마나 갈 수 있는지는 배터리 용량이 큰 롱레인지 버전을 사면 해결되니까 같은 가격이면 더 좋은 기능이 있는 차들을 선택하게 됩니다. 마치 스마트폰에서 통화 품질은 이제 다 비슷하니까 더 카메라 성능이 좋고 편의 기능이 좋은 제품을 사는 것과 마찬가지입니다.

스마트폰이 대중화되고 IT 기술이 발달하면서 사람들이 차에

기대하는 서비스도 더 늘어났습니다. 요즘 나오는 차들은 대부분 넷플릭스나 티빙 같은 OTT 서비스를 즐길 수 있습니다. 교통 상황을 반영한 내비게이션은 기본이고, 차에서 검색이나 결제도 가능합니다. 자율주행 기능도 네트워크의 지원을 받아서 더 강력해졌습니다. 이쯤 되면 자동차인지 이동이 가능한 스마트폰인지 경계가 흐려집니다. 자동차에서 이동하는 본연의 목적 외에도 이용할 수 있는 서비스들은 점점 더 늘어나고 있습니다.

데이터 기기로 새롭게 태어나고 있는 자동차

이유는 돈이 되기 때문입니다. 미국의 5대 IT 기업이라는 마이크로소프트, 페이스북, 구글, 아마존, 애플이 어떻게 수익을 만드는지를 분석해 보면, 자기들의 본업인 소프트웨어 판매나 검색, 전자 상거래, 핸드폰 기기 판매는 전체 수익의 절반도 되지 않습니다. 나머지 절반은 자신들의 플랫폼을 쓰고 있는 사람들의 정보를 기반해서 부가적으로 창출되는 서비스를 통해서 이루어집니다.

애플은 아이폰도 팔지만, 아이폰으로 음악을 듣고, 클라우드 서비스를 하고, 애플 페이로 결제하는 과정에서 더 큰 수익을 냅

네트워크로 연결된 자동차는 이동 수단 그 이상입니다.

니다. 기계는 만드는 원가가 들지만, 서비스는 그만한 원가는 필요하지 않으니까요. 구글도 사람들이 검색하고, 유튜브로 동영상을 보고, 안드로이드 플랫폼을 쓰도록 판을 깐 후에, 그 안에서 오고 가는 정보로 광고하고, 시스템을 쓰는 수수료를 받아서 수익을 만듭니다. IT 시대에 진짜 수익은 누가 더 많은 사람들이 어디에 관심이 있고, 필요로 하는 데이터를 확보하느냐에 달려 있습니다.

이미 스마트폰은 다들 가지고 있잖아요? 그래서 사람들의 정보를 담아내는 다른 기기를 찾는 사람들은 스마트폰 다음으로 시간을 가장 많이 보내는 자동차에 주목하게 됩니다. 자동차는 어디에 살고 어떤 목적으로 어디로 가고 시간이 나면 어떤 방송을 보는지가 다 담겨 있습니다. 그동안 엔진 같은 기계 부품들을 만들기는 어려워서 엄두도 못 내던 IT 기업들도 전기차라면 용기를 내서 속속 도전에 나서고 있습니다.

세계적인 컨설팅 업체인 매켄지에 따르면 자동차를 만들어서 고객에게 파는 전통적인 자동차 산업은 전 세계적으로 2,500조 원 규모인데 그렇게 해서 벌어들이는 수익은 150조 원 정도로 수익률이 6% 수준입니다. 그러나 자동차를 사고 난 이후에 보험에 들고, 사고가 나면 고치고, 관리 서비스를 받고, 주유하고, 주차하고, 도로 사용료를 내고, 영상을 보고하는 자동차와 관련된 서비스 산업의 규모는 무려 7천조 원이고, 거기서 파생되어 나오는 수익이 2천조 원이 넘습니다. 수익률이 30%에 육박하는 셈입니다.

대표적인 전기차 업체인 테슬라는 슈퍼차저라는 자체 충전 시스템을 구축하고 태양광 발전 산업과 연계한 충전 서비스를 제공합니다. 자율주행 프로그램인 오토 파일럿 기능은 천만 원에

OTT 가 아니라 테슬라 보험 이야기가 들어가 있습니다.

(테슬라 홈페이지 참조)

판매하고 구독도 가능합니다. 차를 주행하는 습관을 서버를 통해 모니터링해서 안전한 운전을 하는 사람에게 보험료를 할인해 주는 테슬라 보험 서비스도 운영하고 있습니다. 이런 데이터 기반 산업을 바탕으로 테슬라는 다른 자동차 회사들보다 훨씬 더 높은 수익률을 보이면서 전 세계 자동차 회사 중에 주가 총액 1위를 지키고 있습니다.

우리나라의 현대자동차도 이런 변화에 절실합니다. 자동차를 파는 회사가 아니라 이동이라는 서비스를 제공하는 회사로 거듭

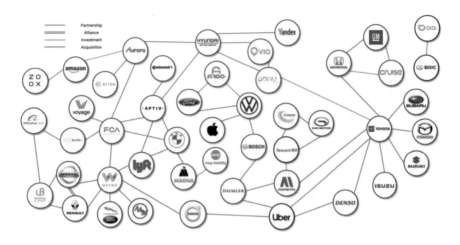

자동차 회사들과 IT기업들의 연합이 지금도 다양하게 이루어지고 있습니다.
(CBINSIGHTS 자료 참조)

나기 위해 경기도 판교에 TAAS(Transportation as a Service) 본부를 세우고 본격적으로 소프트웨어와 데이터를 다루는 사업에 참여하고 있습니다. 2024년 1월에 열린 CES에서 자율주행과 인공지능 등을 활용해서 차와 도로뿐 아니라 공간까지 커버하는 이동 생태계를 이루겠다는 포부를 밝혔습니다.

차를 만드는 장벽이 낮아지고 새로운 플레이어들이 시장에 들어오면서 새로운 변화에 적응하는 회사만이 살아남을 수 있습

전자회사 샤오미가 2024년 내놓은 전기차 SU7

(샤오미 홈페이지 참조)

니다. 그리고 생존을 위해서 그동안 전혀 다른 영역에서 활동했던 기업들이 서로 손을 잡고 새로운 도전을 함께 하고 있습니다. 경쟁에서 도태된 자동차만 만들던 회사들은 아마도 더 큰 그림을 그릴 줄 아는 기업들을 위해 차를 만들어 주는 하청 업체로 전락할 수밖에 없을 겁니다.

그리고 차가 만들기 쉬워지고, 스마트폰과 겹치는 영역이 늘어나면서 기존의 IT 기업들이 전기차를 만들겠다고 도전하는 사례도 늘어나고 있습니다. '대륙의 실수'라고 불리면서 저렴하고 경쟁력 있는 전자기기를 만들어온 중국의 IT 기업 샤오미는 계획을 발표한 지 3년 만인 2024년에 SU7이라는 전기차를 출시했습니다. 현대자동차의 중국 파트너인 베이징 모터스에 위탁생산하는 형태로 말이죠.

얼마 전 애플은 10년을 투자했던 애플카 제작 중단을 발표했지만, 언제 어느 회사와 다시 손을 잡고 자신만의 데이터 생태계를 공유하는 플랫폼으로 세상을 놀라게 할지 모릅니다. 그때가 되면 우리가 스마트폰을 쓰기 시작한 이후로 삶이 바뀌고 그 이전의 삶으로 이제는 돌아갈 수 없듯이, 자동차로 이동하는 삶도 이전과는 달라져 있을 겁니다. 이 모든 변화는 바로 자동차가 전기차로 바뀌면서 시작되었습니다.

맺음말

유난히 덥고 추웠던 지난해를 보내면서 우리는 기후의 변화를 체감합니다. 그리고 이대로는 가다가는 정말 큰일 나겠다는 걱정을 잠시 합니다. 그렇지만 금세 잊어버립니다. 왜냐하면, 당장 정말 불편하지는 않으니까요.

환경을 개선하는데 기존의 내연기관차를 줄여야 한다는 이야기에는 다들 동의하지만, 어떻게 줄일 것인지에 대해서는 각자의 입장이 다릅니다. 새로운 채굴 방법으로 석유는 더 저렴해지고, 아직 전기차는 비싸고 충전하기도 불편합니다. 전기차를 운영하기 위한 전기를 만드는 과정에도 온실가스는 계속 나옵니다. 여러 규제로 전기차 보급은 늘어났지만 그럴수록 정부가 줄 수 있는 보조금이 줄어들고, 배터리 가격이 생각만큼 떨어지지 않으면서 소비자들에게는 부담스럽게 여겨 집니다.

아무리 환경에 좋다고 이야기해도 사람들은 불편한 기기를 비싼 돈을 주고 사고 싶어 하지 않습니다. 기존의 자동차 회사들도 사람들이 많이 사고 이익이 많이 남는 차를 더 팔고 싶어 합니다. 좋은 뜻을 이야기하는 건 자유지만, 좋은 뜻을 이야기하는 것만으로는 세상은 바뀌지 않습니다. 변화가 필요하다고 이야기만 하는 사람을 우리는 '공상가'라고 부릅니다. 전기차가 다시 제대로 된 성장 곡선을 타고 그래서 세상이 바뀌기를 원한다면, 왜 변화하지 않는지를 살피고 사람들이 불편해하는 점들을 해결해 가야 합니다.

앞으로의 자동차 시장은 이렇게 사람들이 느끼는 불편함을 먼저 해결해 나가는 회사가 주도할 겁니다. 그리고 그런 회사들이 원하는 사람은 당연하다고 여겨지는 불편함을 당연하지 않다고 생각할 줄 아는 사람, 그래서 변화를 만들려면 어디에서 무엇부터 바뀌어야 하는지 늘 고민하는 사람일 겁니다. 우리는 그런 사람을 '혁신가'라고 부릅니다.

프쉬케 프로젝트 나사 공식 홈페이지 화면

혁신은 아무것도 없는 것에서 새로운 것을 창조하는 것이 아닙니다. 오히려 지금을 충실하게 살아가면서 경험을 쌓아야 어느 날 불현듯 떠오릅니다. 저도 10여 년간 엔진을 만들고 나서야 전기차를 만들 기회를 만났고, 그렇게 전기차를 고생해서 만들고 나니 여러분들에게 전기차에 대해 함께 생각해 볼 이런 기회를 얻었습니다. 애플의 공동 창업주인 스티브 잡스가 스탠퍼드 대학교 졸업식 연설에서 이야기했듯이, 미래를 믿고 점들을 이어 가야 기회가 옵니다. 그것도 매 순간 현재의 위치에서 충실히 점들을 채워 나가야만 합니다.

전기차 시장을 이끄는 테슬라의 CEO 일론 머스크가 그랬습니다. 페이팔이라는 전자 상거래 회사로 큰돈을 번 머스크가 처음 세운 회사는 테슬라가 아니라 '스페이스 X'라는 우주선 회사였습니다. 테슬라를 세운 직후에는 아직 차도 출시되지 않았는데 태양광 발전을 하는 '솔라시티(Solar City)'라는 회사도 만들었습니다. 지금은 솔라 시티에서 생산한 전기로 슈퍼차저에서 충전한 테슬라 자동차가 스페이스 X에서 쏘아 올린 '스타링크(Star Link)'라는 위성을 통해 네트워크에 연결되어서 자율주행을 하고 있습니다. 얼마 전 나사 발표에 따르면, 소행성에 가서 배터리의 재료가 되는 니켈, 리튬 같은 광물들이 있는지 찾는 프쉬케 프로젝트를 스페이스 X가 함께 진행한다고 합니다.

어떤가요? 여러분은 전기차가 가져올 미래에 충분히 혁신적일 준비가 되어 있나요? 지금에 충실하면서도 미래에 눈을 돌려 확신을 가져야 한다는 스티브 잡스의 말처럼 이 책이 여러분들의 눈을 미래로 돌려서 숨겨진 가능성을 꺼내어 주는 데 도움이 되었으면 좋겠습니다. 그래서 전기는 어떻게 더 친환경적으로 더 싸게 만들 수 있고, 차는 얼마나 더 가볍고 안전하게 만들 수 있을지 같은 우리가 지금 마주하고 있는 문제들을 미래의 혁신가들인 청소년 여러분들이 멋지게 해결해 줄 다가올 미래를 기쁜 마음으로 기다리겠습니다.

참고 문헌

| 도서 |

《전기차 첨단기술 교과서》톰 덴튼, 보누스 출판사, 2021

《배터리의 미래》스탠리 위팅엄 외, 이음, 2021

《모빌리티 미래》서성현, 반니, 2021

《테슬라 모터스》찰스 모리스, 을유문화사, 2015

《테슬라 쇼크》최원석, 더퀘스트, 2021

《충전 중인 대한민국 전기차》박태준, 한울, 2021

| 사이트 |

European Commission(https://commission.europa.eu/index_en)

국제청정교통위원회(https://theicct.org/)

RE100 실천연대(https://www.there100.org/)

Mckinsey & Company Automotive Industry Report
(https://www.mckinsey.com/industries/)

automotive-and-assembly/our-insights)

SNE 리서치(https://www.sneresearch.com/kr/home/)

(SAE)Society of Automotive Engineering(https://www.sae.org)

Tesla(https://www.tesla.com)

글로벌 오토뉴스(http://www.global-autonews.com)

대한민국 국토교통부(https://www.molit.go.kr/portal.do)

대한민국 환경부(https://me.go.kr/home/web/main.do)

미국 환경보호청(https://www.epa.gov/)

모터 매거진(https://www.motormag.co.kr)

(KSAE)한국 자동차 공학회(https://www.ksae.org/index.php)

한국항공우주연구원(https://www.kari.re.kr/kor.do)

현대자동차(https://www.hyundai.co.kr/)

NASA 미항공우주국(https://www.nasa.gov/)